ANGEWANDTE PFLANZENSOZIOLOGIE

VERÖFFENTLICHUNGEN DES
INSTITUTES FÜR ANGEWANDTE PFLANZENSOZIOLOGIE
DES LANDES KÄRNTEN

HERAUSGEBER
UNIV.-PROF. DR. ERWIN AICHINGER

HEFT IX

DIE TROCKENRASEN IM NATURSCHUTZGEBIET AUF DER PERCHTOLDSDORFER HEIDE BEI WIEN

EINE SOZIOLOGISCHE STUDIE
VON UNIV.-DOZENT DR. GUSTAV WENDELBERGER, WIEN

Springer-Verlag Wien GmbH
1953

Schriftleiter:

Univ.-Prof. i. R. Dr. Erwin Janchen.

Alle Rechte vorbehalten.

ISBN 978-3-211-80293-9   ISBN 978-3-7091-5445-8 (eBook)
DOI 10.1007/978-3-7091-5445-8

Vorwort.

Von Aichingers dynamischer Betrachtungsweise angeregt, wurde hier erstmals der Versuch unternommen, den Gang der Vegetationsentwicklung in den pannonischen Trockenrasen nach statischen Methoden nachzuweisen. Dem Verfasser standen hiebei die klassischen Untersuchungen Braun-Blanquets im Schweizer Nationalpark vor Augen. Aus der Bestandesaufnahme der gegenwärtigen Pflanzendecke ergeben sich die Grundlagen und Ausblicke für die künftige Vegetationsentwicklung.

Die praktische Bedeutung dieser Untersuchung liegt darin, daß hier in einem groß angelegten Naturexperiment der tatsächliche Ablauf der Wiederbewaldung sekundärer pannonischer Trockenrasen verfolgt werden kann. Damit werden aber die Voraussetzungen für eine richtige Holzartenwahl geschaffen, die bei Aufforstungen in diesem heute waldärmsten Teile Österreichs von erheblicher Bedeutung wird. Es sei hier nur an die Wohlfahrtsaufforstungen gegen Versteppung und Flugerde, an Wiederbewaldungen und ähnliches erinnert.

Wien, im August 1953.

G. Wendelberger.

Inhalt.

Seite

Einleitung	1
Die Problemstellung	3
Die statische Aufgabe	5
Die Eigenart der vorliegenden Untersuchung	5
Der Zeigerwert der Arten	6
Soziologische Einzelprobleme	7
Die dynamische Aufgabe	10
Das Sukzessionsproblem	13
Die Mischaufnahme	13
Der Gesellschaftskomplex	13
Gesellschaftsübergänge	14
Sukzessionen	14
Die soziologische Struktur der Pflanzengesellschaften	17
Der Trockenrasen	19
Das Fumaneto-Stipetum pulcherrimae	20
Die Flechtenreiche Felssteppe (Fumaneto-Stipetum, Subass. von Poa badensis)	21
Die Typische Felssteppe (Fumaneto-Stipetum typicum)	23
Die Federgrasflur (Fumaneto-Stipetum typicum, Facies von Stipa pulcherrima)	24
Das Polygaleto-Brachypodietum pinnati	25
Der Trockenbusch (Polygaleto-Brachypodietum, Subass. von Rhamnus saxatilis)	29
Das Schwarzföhrenstadium des Trockenrasens (Polygaleto-Brachypodietum, Subass. von Pinus nigra)	32
Der Flaumeichen-Buschwald (Geranieto-Quercetum pubescentis)	35
Die Anteile der Artengruppen	38
Die ökologische Struktur der Pflanzengesellschaften	39
Die Artenliste	39
Artenzahl und Aufnahmegröße	39
Die Lebensformen	42
Die ökologischen Gruppenwerte der Lebensformen in den einzelnen Gesellschaften	42
Die Bedeutung der Exposition	44
Die ökologischen Lebensräume des Gebietes	44
Die Vegetationsschichtung	46
Die Vegetationsrhythmik	49
Die Sukzessionsbeziehungen	49
Schrifttum	51

Einleitung.

Vor den Toren der Stadt Wien liegt auf den Abhängen des Wiener Waldes gegen das Wiener Becken die Perchtoldsdorfer Heide, ein magerer, abgetretener Trockenrasen im Schütterbereich der Großstadt. Inmitten des fahlen Rasens jedoch liegt, weithin leuchtend, ein abgegrenztes, eingefriedetes Gebiet, das den Besucher durch die Farbenbuntheit und die Üppigkeit seiner Vegetation fesselt: das Naturschutzgebiet auf der Perchtoldsdorfer Heide. Dieses hat sich aus der Trostlosigkeit des abgetrampelten Trockenrasens zu einem pannonischen Schmuckgärtchen entwickelt, seit es im Jahre 1939 auf Initiative von Professor Dr. Friedrich Rosenkranz zum Naturschutzgebiet erklärt und 1940 eingezäunt wurde.

Diese Reservation liegt — nach den Angaben von Rosenkranz 1937 und 1949 — an den Hängen der Föhrenberge gegen Perchtoldsdorf in einer Höhe von 320 m und zwar westlich zwischen der verlängerten Walzengasse und der verlängerten Berggasse auf der Riede „Kröpf". Die Größe des eingefriedeten Teiles beträgt rund 38 Ar; eine eingehende topographische Schilderung wurde von Rosenkranz 1949 gegeben. Das Substrat der Perchtoldsdorfer Heide setzt sich vorwiegend aus Leithakalk-Konglomerat und Opponitzer Dolomit zusammen.

In diesem Gebiete wurde 1948 die vorliegende Untersuchung begonnen, im darauffolgenden Jahre ausgeführt und schließlich 1950 ergänzt und hinsichtlich der Freilandbeobachtungen abgeschlossen. Das Ergebnis dieser Untersuchungen und die Besonderheit der Aufgabestellung sind Gegenstand dieser Publikation. Die weitere Veränderung der Vegetation im Untersuchungsgebiete wird laufend verfolgt und zu gegebener Zeit veröffentlicht werden.

Herrn Professor Dr. F. Rosenkranz darf an dieser Stelle der Dank für seine aufopfernde Mitarbeit beim Zustandekommen dieser Untersuchung ausgesprochen werden: ihm ist vor allem die Schaffung des Naturschutzgebietes und seine dauernde Betreuung zu danken sowie eine genaue Vermessung des Geländes mit Erfassung der Höhenschichtlinien, die Feststellung von Größe,

Skizze des Untersuchungsgeländes
mit Höhenschichtenlinien und Lage der Dauerquadrate.
(Nach Rosenkranz 1949.)

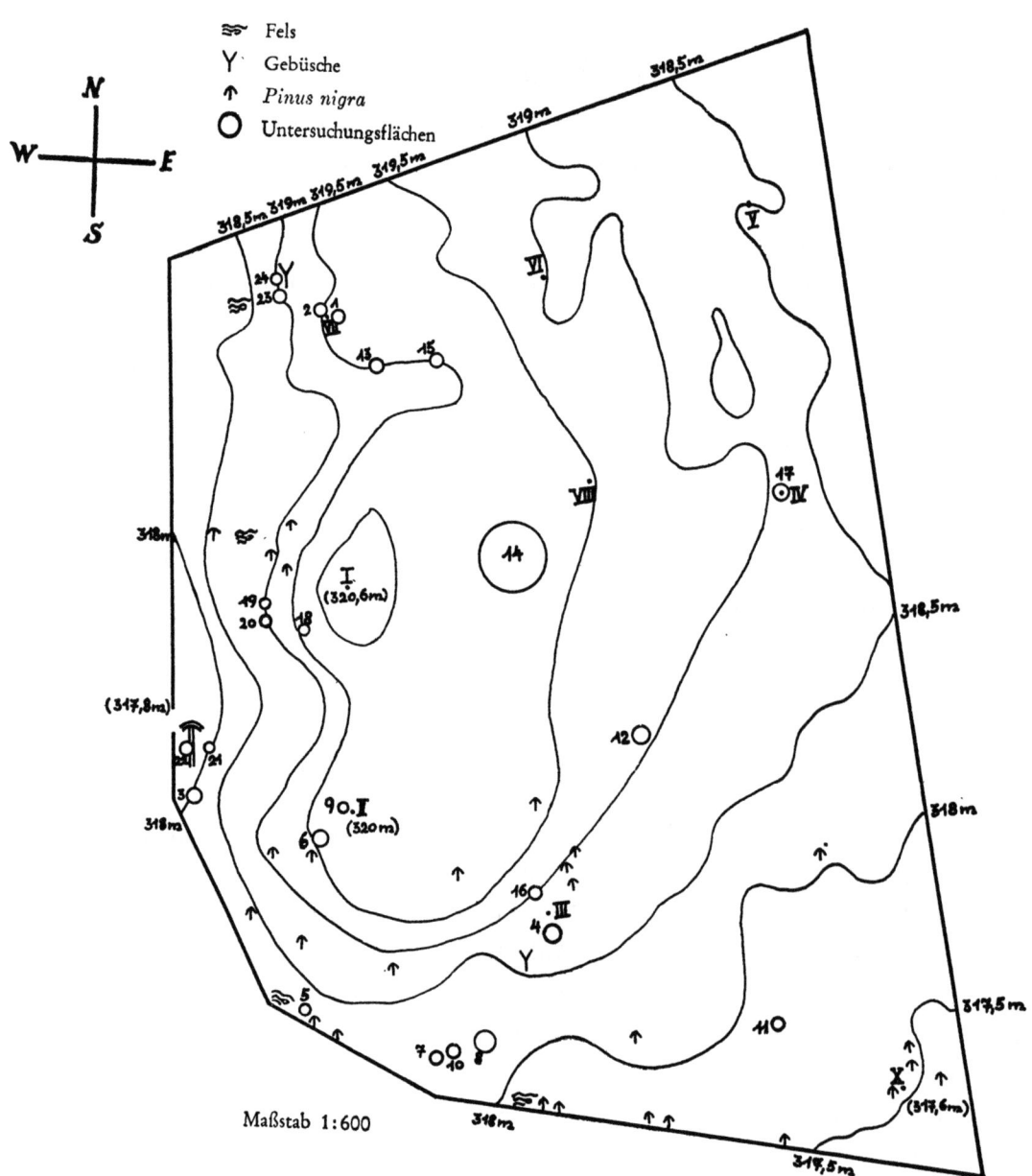

Geländeneigung und Exposition der einzelnen Probeflächen, die Markierung der Pflöcke für die Dauerquadrate und die Erstellung des oben wiedergegebenen Übersichtsplanes.

In eingehenden Untersuchungen hat sich Prof. R o s e n k r a n z durch viele Jahre hindurch mit der Phänologie des Gebietes befaßt. Ökologische Untersuchungen wurden von Frl. cand. phil. T. J i r a n e k im Rahmen des Pflanzenphysiologischen Institutes der Universität Wien unter Univ.-Prof. Dr. Karl H ö f l e r durchgeführt, während ein genaues Studium der meteorologischen und der Bodenverhältnisse noch aussteht. Jedenfalls bietet dieses Naturschutzgebiet durch seine Eigenart und seine Abgegrenztheit eine außerordentlich günstige Gelegenheit für Gemeinschaftsarbeiten verschiedener Disziplinen, wie es in dieser Einmaligkeit sonst wohl nur selten der Fall sein dürfte.

Schließlich danke ich noch Herrn Dr. Fritz E h r e n d o r f e r für die Bestimmung der Moose und Flechten des Untersuchungsgebietes.

Die Problemstellung.

Die Problemstellung war von vorneherein eine zweifache: eine statische und eine dynamische.

Die s t a t i s c h e A u f g a b e hatte die Erfassung der soziologischen Struktur des Gebietes zum Gegenstande, das Festhalten der einmal bestehenden Zusammensetzung und ihre soziologische Auswertung.

Die d y n a m i s c h e F r a g e s t e l l u n g hatte die Veränderung der Vegetation zum Gegenstande. Hiebei bietet die Erfassung der derzeitigen Verhältnisse die Vergleichsbasis für den späteren Nachweis einer Vegetationsentwicklung.

Die statische Aufgabe.

Die Eigenart der vorliegenden Untersuchung.

Das Besondere dieser Untersuchung eines abgeschlossenen Gebietes von rund 38 Ar liegt vor allem in der Möglichkeit einer gründlichen und erschöpfenden Bearbeitung der Vegetation nach den verschiedensten Richtungen und mit allen Mitteln soziologischer Auswertung.

Die Schaffung einer größeren Zahl von Dauerquadraten innerhalb dieses abgeschlossenen Gebietes gewährleistet — von den Fragestellungen der Sukzessionsforschung vorerst abgesehen — eine erhöhte Genauigkeit und Exaktheit der soziologischen Aufnahmen: die Artenlisten konnten im Verlaufe mehrerer Jahre immer wieder überprüft werden. Trotz geringfügiger Abweichungen, die sich im Zuge dieser Kontrollen ergaben, ist die Möglichkeit vereinzelten Übersehens der einen oder anderen Art nie ganz ausgeschlossen und stellt einen offenbleibenden Faktor dar, der bei der Beurteilung etwa neu auftretender Arten immerhin berücksichtigt werden muß.

Die Festlegung der Dauerquadrate gestattet jedoch auch den Vergleich ganzjähriger Untersuchungen. Hiedurch war die Möglichkeit gegeben, saisonbegrenzte Arten zu erfassen und in einer Jahres-Sammeltabelle zu vereinigen. Es gilt dies vor allem für die Frühlings-Ephemeriden (vgl. S. 20), sowie für die herbstblühenden Therophyten *Orthantha lutea* und *Gentiana austriaca*. Darüber hinaus konnten auf diese Weise die einzelnen Arten mit ihren Maximalaspekten eingesetzt werden, wodurch sich ein teilweises Überschreiten der Deckungssumme ergeben könnte. Es darf allerdings darauf hingewiesen werden, daß sich durch derartige Sammeltabellen keine allzu großen zahlenmäßigen Veränderungen ergaben (vgl. S. 49).

Über die gebotenen Möglichkeiten einer exakten Verfolgung des Sukzessionsablaufes wird noch ausführlich zu sprechen sein (vgl. besonders S. 14—16).

Naturgemäß ist die Größe der einzelnen Aufnahmen innerhalb des begrenzten Untersuchungsgebietes gering.

Es ist nicht von der Hand zu weisen, daß eine derartige — wenn auch den Verhältnissen angepaßte — Begrenzung der Aufnahmefläche eine Unvollständigkeit der Artenliste mit sich brächte. So enthält beispielsweise auch die einzige größere Probefläche Nr. 14 mit 21,5 m² einige Arten mehr als die anderen, wesentlich kleineren Aufnahmen der gleichen Assoziation (vgl. auch S. 15 u. 16).

Allerdings kann die Untersuchungsfläche nur dort vergrößert werden, wo homogene Bestände vorliegen — wie dies in der Aufnahme 14 tatsächlich zutrifft. Anderenfalls ergäben sich Ungenauigkeiten und Komplexaufnahmen, wenn eine größere Aufnahmefläche über mehrere kleinräumige Bestände hinweg gelegt werden würde; es war dies selbst bei der geringen Größe der Probeflächen des Gebietes nicht immer ganz zu vermeiden (etwa in den Aufnahmen 4, 23 und 24). Durch eine größere Zahl von Aufnahmen (24 im ganzen Banngebiet) konnte allerdings dem zufälligen Charakter der gewählten Einzelfläche begegnet werden, aber auch eine etwaige Willkür ausgeschaltet werden, die sich allenfalls durch subjektive Bevorzugung bestimmter Stellen ergeben könnte. Darüber hinaus wurden die einzelnen Probeflächen völlig unvoreingenommen ausgewählt, wobei lediglich der Grundsatz der Homogenität der Untersuchungsfläche — dieser aber rigoros — beachtet wurde.

Der Zeigerwert der Arten.

Derart kleinräumige Untersuchungen wie die vorliegende — und dies sowohl im Hinblick auf die Größe der einzelnen Probeflächen als auch auf die Größe des Gesamtgebietes — bieten jedoch umgekehrt eine Reihe unschätzbarer Vorteile. Ermöglichen sie doch unzweifelhaft eine **schärfere Herausarbeitung** von Differenzierungen hinsichtlich des Zeigerwertes der Arten wie der Abgrenzung der Gesellschaftseinheiten, als dies bei großflächigen und großräumigen Untersuchungen der Fall ist: gehen doch bei derartigen Ausweitungen über größere Räume im Zuge von Verallgemeinerungen die feinen Nuancierungen in den Zeigerwerten von Arten und Gesellschaften notwendigerweise verloren.

So war es möglich, auf Grund dieser Lokaluntersuchungen innerhalb der bereits unterschiedenen Assoziationen (W a g n e r 1941 und K n a p p 1942) **neue Gesellschaftseinheiten** zu erfassen, wie das Fumaneto-Stipetum in seiner Subass. von *Poa badensis*, die Fazies von *Stipa pulcherrima*, den Trockenbusch (Polygaleto-Brachypodietum, Subass. von *Rhamnus saxatilis*) und auch das *Pinus nigra*-Stadium (Polygaleto-Brachypodietum, Subass. von *Pinus nigra*).

Eine hin und wieder festgestellte **abweichende soziologische Wertigkeit** von Arten (gegenüber ihrer Einstufung bei W a g n e r und K n a p p) dürfte dagegen nur mit Vorsicht und lediglich als Hinweis für weitere Untersuchungen betrachtet werden, während andererseits dem Übereinstimmen in der Bewertung des Zeigerwertes von Arten größeres Gewicht beizumessen ist.

Schließlich lassen derartige kleinräumige Untersuchungen deutlich erkennen, daß **Arten von höherer soziologischer Rangstufe** (also Charakterarten höherer Gesellschaftseinheiten, wie Verbände, Ordnungen, Klassen) selten in allen Einheiten gleichmäßig auftreten, sie vielmehr innerhalb lokaler Bereiche ganz klare und abgegrenzte Zeigerwerte besitzen! Es ist dies eine Feststellung von bestimmt nicht zu unterschätzender Bedeutung, deren Rückwirkung auf die soziologische Methodik unausbleiblich erscheint. Es geht einfach nicht an, Arten höherer soziologischer Kategorien — und ebenso die Begleiter — blockweise auszuschalten, während sie tatsächlich noch eingehendere, subtile Hinweise auf den Standort wie auf die niederen Gesellschaftseinheiten selbst zu geben vermögen: j e d e Pflanze sagt etwas aus und sie sagt sehr viel aus, wenn man ihre Anzeige nur zu deuten versteht und sie nicht in starrer, statistischer Methodik von vorneherein ignoriert!

So scheint es beispielsweise unmöglich, innerhalb des engeren Trockenrasens des Gebietes eine Identifizierung der Gesellschaftseinheiten etwa nur nach den Charakterarten von K n a p p allein vorzunehmen: die einzige brauchbare Charakterart zur Einstufung in eine bestimmte Gesellschaft wäre *Linum flavum!*

Dieser Erkenntnis mußte auch der **Arbeitsvorgang** Rechnung tragen: die vorhandenen Aufnahmen wurden tabellarisch zusammengestellt und nun nach dem Zeigerwert der Arten **innerhalb des Gebietes** geordnet, ebenso wie die späteren Gesellschaftseinheiten nach den Verhältnissen im untersuchten Gebiet allein ausgeschieden wurden. Erst dann wurden die Wertigkeit der Arten nach den vorliegenden Arbeiten zum Vergleich herangezogen und die eigenen Gesellschaftseinheiten mit den bereits beschriebenen Assoziationen verglichen!

Es bedeutet dieser Versuch das Bestreben, die Natur selbst sprechen zu lassen und dann erst die menschliche Wertung, die doch nur an die Organismen herangetragen wird, ihnen aber nicht selbst innewohnt! Es ist dies der persönliche, subjektive Weg etwa Erwin A i c h i n g e r s gegenüber einer rein statistischen Auswertung und über diese hinausgehend. Es setzt dies die genaue Kenntnis der Lebensansprüche der einzelnen Arten voraus, bietet jedoch die Möglichkeit einer unvoreingenommenen und vorurteilslosen Prüfung der ökologischen und soziologischen Wertigkeit, kurz des Zeigerwertes der jeweiligen Arten!

Derart erkannte Gesellschaftseinheiten sind von höherer Exaktheit, dürfen aber **keine größere Allgemeingültigkeit** beanspruchen. Wohl aber vermögen sie auf Grund ihres feinen und exakten, genauen Zeigerwertes nicht unbeachtliche Hinweise auch auf größere Bereiche zu geben, die ihrerseits nur an Präzision zu gewinnen vermögen, wenn sie durch Zusammenfassung solch kleinräumiger Untersuchungen erstellt wurden. Es gilt auch hier — wie in der modernen Pflanzensoziologie überhaupt — der Vorrang des induktiven Weges gegenüber der deduktiven Ableitung — wie vielleicht in der Naturwissenschaft überhaupt!

Es kann sich demnach bei den Arten des untersuchten Gebietes hinsichtlich ihrer soziologischen Einstufung lediglich um „kleinlokale" Charakterarten (H ö f l e r) handeln, die vorerst nur für das untersuchte Gebiet Geltung haben. Dies bezieht sich in erster Linie auf die Einheiten des Trockenrasens, von dem eine Entwicklungsserie von der Initialgesellschaft des Fumaneto-Stipetum als dem Anfangspunkte bis zu späteren Übergangsstadien führt. Dadurch wird eine Abgrenzung innerhalb ähnlicher Einheiten ermöglicht, während der Buschwald lediglich pionierartig in den Trockenrasenbereich hineinragt und seine Komponenten gegenüber verwandten späteren Einheiten weniger deutlich abgegrenzt werden konnten.

Derart lokal gefaßte Charakterarten nähern sich jedoch schon sehr den Differentialarten und stellen vielleicht nur mehr eine Art **statischer Differentialarten** dar! Die Entscheidung darüber hängt jedoch von der grundsätzlichen Unterscheidung zwischen Charakterarten und Differentialarten ab!

S o z i o l o g i s c h e   E i n z e l p r o b l e m e.

Verschiedene Einzelprobleme werden in den nachfolgenden Abschnitten besonders beschrieben und sollen hier nur angedeutet werden.

So ermöglichen es kleinräumige Untersuchungen nach der Art der vorliegenden, den **Komplex von Wald- und Trockenrasen** detailliert zu untersuchen, wobei die Bedeutung des W a l d - und B u s c h r a n d e s als Kleinstandort erwähnt sei, sowie die wechselseitige Durchdringung von Rasenflecken und Buschwald — besonders im Geranieto-Quercetum — und damit zusammenhängend die Frage der sogenannten „S t e p p e n h e i d e" (vgl. S. 36).

Die Bedeutung der G e s e l l s c h a f t s t r e u e als grundlegendes synthetisches Merkmal in der Fassung der Pflanzengesellschaften erhellt das Beispiel des „Caricetum humilis" U h l m a n n s, dem die verschiedenen Gesellschaftseinheiten des Untersuchungsgebietes durchwegs angehören würden, ohne der tatsächlich bestehenden Vielgestaltigkeit gerecht zu werden.

Ein weiterer Gesichtspunkt sei jedoch hier besonders herausgegriffen und dies ist die Rolle der F a z i e s b i l d u n g im Gesellschaftsgefüge, wobei ebenfalls die Bedeutung der Gesellschaftstreue als organisatorisches Merkmal hervorgehoben werden muß.

Im Untersuchungsgebiet könnten nach dominanzbetonter Gesellschaftsfassung drei Faziesbildungen als eigene Gesellschaften ausgeschieden werden: ein „Stipetum", ein „Anthyllidetum" und ein „Seslerietum".

Das physiognomisch sehr auffallende „S t i p e t u m" — die Federgrasflur — erweist sich in seiner floristischen Struktur als ein echtes Fumaneto-Stipetum, das lediglich eine stärkere Verschiebung in seinem Lebensformenanteil (vgl. S. 24) aufweist. Der völlige Mangel eigener Differentialarten vermag dieser Fazies jedoch nicht einmal die soziologische Kategorie einer Variante zu verleihen. Es läßt sich im Gegenteil feststellen, daß das fazielle Überwiegen von *Stipa* die Entwicklung der übrigen Arten hemmt und geradezu eine Verarmung in der Artenzahl herbeiführt (vgl. S. 24).

Auch das „A n t h y l l i d e t u m" (Aufn. 15) stellt sich bei objektiver Prüfung seines Artenanteils als echtes Polygaleto-Brachypodietum heraus — als das es auch im Frühjahr erscheint, wo es sich von der Umgebung physiognomisch überhaupt nicht abhebt (vgl. S. 29). Ähnliches gilt auch für die etwas schwächere *Inula hirta*-Fazies der Aufnahme 11, wo ebenfalls eine gewisse Artenverarmung, keinesfalls aber zusätzliche Differentialarten festgestellt werden können.

Schließlich ist auch das „S e s l e r i e t u m" (Aufnahmen 21 und 22) nichts anderes als ein Polygaleto-Brachypodietum ohne wesentliche eigene Differentialarten (vgl. S. 33).

So ergibt sich übereinstimmend, daß faziesbildende, „dominante" Arten lediglich unterdrückend, artenverarmend, keinesfalls aber neuschaffend wirken. Es hat den Anschein, als ob F a z i e s b i l d u n g eine V e r a r m u n g in der Artenzahl bewirken würde. (Ein Analogon liegt in der vom Menschen geschaffenen Monokultur, die in noch weit höherem Maße unterdrückend und verarmend wirkt — eine menschlich bedingte Faziesbildung!)

Jedenfalls könnte ohne Unterscheidung von Charakterarten die S t r u k t u r solcher Faziesbildungen nicht erkannt werden — eine eindrucksvolle Bestätigung des Wertes der Gesellschaftstreue bei der Fassung des Gesellschaftsgefüges, aber auch ein eindrucksvolles Beispiel für den Vorrang objektiver wissenschaftlicher Erkenntnis gegenüber dem subjektiven Eindruck!

Bei der *Anthyllis*-Fazies hat es darüber hinaus noch den Anschein, als ob die überdeckten Arten nur zur Zeit des Hochstandes der faziesbildenden Arten zurückstehen, in der übrigen Jahreszeit jedoch sich voll entwickeln — ein Ausweichen im Raum u n d in der Zeit, bis der Moloch abgesättigt ist!

In ihrer Gesamtheit sind die **verschiedenen Pflanzengesellschaften** in erster Linie und weitaus am stärksten durch die **Verschiedenheit der Standorte** geprägt. Darüber hinaus bewirkt ein **fazielles Überwiegen** ein physiognomisch vielfach stark abweichendes Bild bei einer Verarmung der Artenzusammensetzung. Schließlich bedingen Veränderungen im Zuge der **Gesellschaftsentwicklung** Verschiedenheiten im Gefüge der Pflanzengesellschaften, die jedoch weniger physiognomisch, als vielmehr erst durch die Tabelle zum Ausdrucke kommen.

Die dynamische Aufgabe.

Die Trockenrasen des pannonischen Florengebietes sind vielfach durch den Menschen geschaffen worden, also sekundärer Natur. Nur wenige Gesellschaften extremer Standorte sind primär baumlos und demnach als echte, edaphische Steppen zu bezeichnen.

Solche echte Steppen sind von den bisher aus Niederösterreich beschriebenen Assoziationen folgende Gesellschaften:

Allio-Sempervivetum soboliferae (= Diantho-Sempervivetum soboliferae)
Asplenietum serpentini
Myosotidetum Gáyeri
Fumaneto-Stipetum (=Jurineetum mollis)
Festucetum vaginatae

Als sekundäre Gesellschaften sind zu betrachten:

Medicageto-Festucetum valesiacae (= Astragalo-Stipetum)
Festucetum pseudovinae (?)
Polygaleto-Brachypodietum (= Cirsio-Festucetum sulcatae)

Als menschlich bedingte Sekundärgesellschaft findet der pannonische Trockenrasen nach Entstehung, Aufrechterhaltung und Eigenart eine auffallende Analogie in der mitteleuropäischen Fettwiese, der alpinen Matte und der atlantischen Heide. Eine Zusammenstellung dieser Analogien zeigt das nachstehende Schema (S. 11).

Interessant ist schließlich die Analogie in der Rückführung der Sekundärgesellschaft zur Ausgangs-Waldgesellschaft zwischen der atlantischen Heide — die über ein *Pinus-silvestris-*(oder *Betula-*)Stadium zum Querceto-Betuletum zurückleitet (T ü x e n 1938) — während der pannonische Trockenrasen sichtlich über ein *Pinus-nigra-*Stadium zum Ausgangswald des Geranieto-Quercetum zurückkehrt (S. 34 und W a g n e r 1941)!

Demnach sind auch die sekundären Trockenrasen der Perchtoldsdorfer Heide durch Abholzung des bodenständigen Klimaxwaldes entstanden und dann durch Beweidung aufrechterhalten sowie durch den menschlichen Betritt weiterhin degradiert worden. Eine Erforschung der Gesellschaftsentwicklung (Gesellschaftsdynamik) hat also im Untersuchungsgebiet eine doppelte Problemstellung zu verfolgen:

1. Die E r h o l u n g des stark verwüsteten Trockenrasens bis zu seiner vollen, optimalen Entfaltung. — Wohl erst zu diesem Zeitpunkte beginnt die nächste Phase:

2. Die W e i t e r e n t w i c k l u n g des Trockenrasens gegen den Buschwald, der eigentliche Sukzessionsablauf.

Schema zu Seite 10.

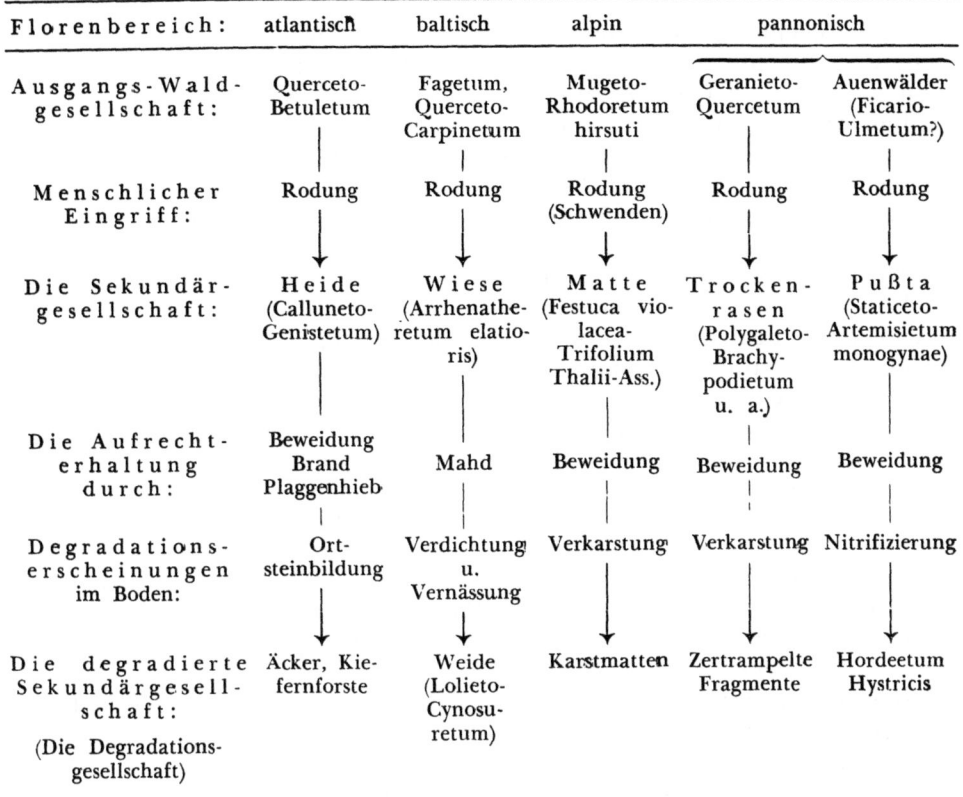

Wie sehr sich das abgegrenzte Gebiet der Reservation heute bereits vom degradierten Trockenrasen zur optimalen Entwicklung erholt hat, zeigt bereits der erste Eindruck von der üppigen Vegetation des Banngebietes mit seinem Blütenreichtum gegenüber dem abgetrampelten Rasen der umgebenden Heide.

Der Unterschied in der Üppigkeit der Vegetation zwischen dem eingefriedeten Teil und der umgebenden Heide ist in der Tat frappant! Selbst die vorliegende Arbeit verdankt ihren ersten Impuls dem außergewöhnlichen Eindruck, den der Vegetationskontrast bei einem ersten Besuche im Frühjahre 1947 bot. Die Pflanzen des Banngebietes branden förmlich in ihrer Lebensfülle an den Zaun, in dessen Vorfeld ein öder Rasen kümmerlich sein Leben fristet. Dabei knallen die Farben der unzähligen Blüten und Blumen innerhalb des Gebietes in einer selten mehr geschauten Pracht und selbst in der Dürre und Erstorbenheit der pannonischen Vegetation während der Sommermonate läßt die Üppigkeit der Pflanzen den Farbenzauber des Frühjahres erahnen.

Einzelne Pflanzen erreichen im Schutze der Umzäunung ganz ungewohnte Ausmaße: eine *Minuartia fasciculata* mit 23 cm Höhe, ein Stämmchen von *Aster Linosyris* mit 30 Blütenköpfchen, eine *Gentiana austriaca* mit 48 Blüten!

Manche Art wird man heute bereits vergeblich außerhalb des Naturschutzgebietes suchen, wie den Diptam und das Steinröschen, die Brandorchis und die Ragwurz; kümmerlich genug ringen andere draußen um ihre Existenz: *Adonis vernalis, Pulsatilla grandis, Chamaebuxus alpestris, Viola hirta*.

Interessanterweise ist die Vegetation innerhalb des Banngebietes in ihrer Entwicklung gegenüber der abgetrampelten Heide deutlich vorgeschritten. Inwieweit durch die Einfriedung der Artenbestand in seiner Gesamtheit gegenüber der Umgebung vermehrt wurde, wäre noch näherer Aufnahmen wert!

Diese augenfällige Erholung der Vegetation ist wohl in erster Linie dem Schutz vor menschlichem B e t r i t t zuzuschreiben. An dem Aufleben der Vegetation ist aber auch das Wegfallen der tierischen B e w e i d u n g maßgeblich beteiligt, die sich in ganz besonderem Maße bei der Weiterentwicklung des Rasens zum Buschwald auswirkt: wird doch gerade durch die vernichtende Tätigkeit der Weidetiere eine Wiederbewaldung unmöglich gemacht!

Das Gebiet der Perchtoldsdorfer Heide stellt vorwiegend eine Z i e g e n w e i d e dar, die für das Banngebiet — von geringen, zeitbedingten Störungen abgesehen — nunmehr wegfällt. Im eingefriedeten Teil selbst machen sich lediglich Erdziesel bemerkbar, vor allem dadurch, daß sie (nach R o s e n k r a n z) durch den Aufbruch der Vegetationsnarbe neue Kleinstandorte für die Federgrasflur schaffen. Einzelne Ameisenhaufen schließlich bewirken ein lokal üppiges Gedeihen der Pflanzen an deren Rändern.

Zusammenfassend wirkt sich also der m e n s c h l i c h e E i n f l u ß auf der Perchtoldsdorfer Heide doppelt aus: einmal m i t t e l b a r durch die Verwendung als Viehweide und den damit verbundenen Fraß und Betritt durch das Vieh; zum anderen u n m i t t e l b a r durch menschlichen Betritt und durch das Pflücken der Blumen — wobei die Analogie zwischen unmittelbarer menschlicher und tierischer Tätigkeit nicht zu übersehen ist: der Unterschied liegt lediglich darin, daß das Tier seine Nahrung mit dem Munde greift, der Mensch aber die Blumen mit den Händen pflückt und es auf diese Weise seinem lieben Tiere nachmacht!

Über den vermutlichen W e g d e r S u k z e s s i o n wird im Verlaufe der speziellen Abschnitte und im Zuge einer Zusammenfassung auf S. 48 und 49 näher eingegangen werden.

Es darf hier nur wieder darauf verwiesen werden, daß ein e r s t m a l i g e s F e s t s t e l l e n einer Art in Anbetracht der Möglichkeit eines früheren Übersehens nur vorsichtig gewertet werden darf und erst eine sichtliche Zunahme im Verlaufe mehrerer Jahre die Wahrscheinlichkeit eines spontanen Neuauftretens erhöht.

Erstmalig wurde nach den Beobachtungen von R o s e n k r a n z *Sedum rupestre* 1947 festgestellt, *Iris pumila* 1948; *Cuscuta epithymum* wurde 1950 an einer weiteren Stelle, nämlich in der Mulde um Aufnahme 14, neu gefunden. Dagegen dürfte *Mercuralis ovata* trotz intensiver Beobachtung in früheren Jahren übersehen worden sein!

Über das Aufkommen von angewehten Schwarzföhren wird auf S. 45 berichtet werden.

Von wesentlich größerer Bedeutung erscheint dagegen die Verfolgung der Z u n a h m e von Arten, die sowohl mit der Erholung des Gebietes, als auch mit seiner Weiterentwicklung zum Buschwald zusammenhängen kann:

So berichtet R o s e n k r a n z von einer Zunahme verschiedener Buschelemente in den Jahren 1945—1947: *Phyteuma orbiculare, Centaurea Triumfetti, Dictamnus albus, Polygonatum officinale, Daphne Cneorum.*

Von wiederum anderer Bedeutung ist ein besonders starkes Auftreten von Arten i n b e s t i m m t e n J a h r e n auf Grund besonderer Witterungsverhältnisse.

Dies dürfte für das verstärkte Auftreten von *Scorzonera purpurea* im Jahre 1947 ebenso Giltigkeit haben wie für die Zunahme von *Orthantha lutea* im Jahre 1950!

Das Sukzessionsproblem.

Kaum eine Denkmöglichkeit ist in der Pflanzensoziologie so sehr dem subjektiven Vorstellungsvermögen überlassen und gleichermaßen der exakten Erhärtung und dem objektiven Nachweis entzogen wie das Gebiet der Gesellschaftsentwicklung. Es sei in diesem Zusammenhange gestattet, einige grundsätzliche Erwägungen hiezu vorzubringen.

Von der Sukzession als genetischem Vorgange, der sich in der Zeit abspielt, ist streng zu trennen: die Mischaufnahme infolge subjektiv unreiner Aufnahmetechnik, der Gesellschaftskomplex infolge gegenseitiger Durchdringung verschiedener Gesellschaftseinheiten und die natürlichen Gesellschaftsübergänge zwischen verschiedenen Gesellschaftseinheiten, beides eine Folge räumlichen Kontaktes.

Die Mischaufnahme.

Mischaufnahmen entstehen durch Ungenauigkeiten in der Aufnahmetechnik, wenn der Forderung nach der Homogenität der Aufnahmefläche nicht hinreichend Rechnung getragen wird und die Aufnahme über verschiedene Gesellschaftsindividuen hinweg gelegt wird. Beispiele hiefür bietet das pflanzensoziologische Schrifttum mancher Länder immer wieder; im Zuge der vorliegenden Untersuchung wurden auch die beiden Aufnahmen 23 und 24 ursprünglich zusammengefaßt, ehe sie in zwei homogenere Teilflächen zerlegt wurden. Die Exaktheit kleiner Aufnahmeflächen beweist sich jedenfalls auch in diesem Falle!

So beziehen sich derartige Mischungen nicht auf die Vegetation selbst, sondern auf die Aufnahme, sind daher subjektiver Natur und wären demnach eigentlich auszuschalten, wenn sie nicht immer wieder auftreten würden. Sie können vielfach noch aus den publizierten Tabellen herausgelesen werden, wie es etwa Tüxen und Preising 1942 zeigten. Es sei jedoch dahingestellt, wie weit solche subjektive Mischaufnahmen von echten Übergängen unterschieden werden können, wie sie in der Natur tatsächlich gegeben sind (vgl. S. 14).

Der Gesellschaftskomplex.

Unter einem Gesellschaftskomplex versteht man die enge Durchdringung oder Verzahnung zweier verschiedener Gesellschaftseinheiten, die vielfach eine aufnahmetechnische Auflösung der beiden Komponenten unmöglich macht. Die besten Beispiele für Gesellschaftskomplexe bieten die Hochmoore. Im Untersuchungsgebiet zeigt die Aufnahmefläche 4 eine enge Durchdringung zwischen der echten Felssteppe des nackten Bodens und Stellen rasigen

Bewuchses auf engstem Raume; ein weiteres Beispiel bietet die Ephemeriden-Synusie auf den nackten Stellen der Felssteppe und der Federgrasflur oder die beiden Aufnahmen des Buschwaldes (Aufn. 24, besonders aber 23), in denen der Trockenrasen so sehr mit dem Buschwald verzahnt ist, daß eine exakte Trennung der beiden Elemente bei der Aufnahme überhaupt nicht mehr möglich ist. Es handelt sich jedoch bei Gesellschaftskomplexen nicht mehr um subjektive Aufnahmefehler, sondern um eine in der Natur gegebene enge Verbindung verschiedener Gesellschaftseinheiten, ähnlich wie auch im nachstehenden Falle der Gesellschaftsübergänge.

Gesellschaftsübergänge.

Übergänge zwischen räumlich angrenzenden Gesellschaften finden sich in der Natur immer wieder. Sie haben ihre Ursache in einem rein räumlichen Kontakt und sind in zonaler Anordnung im wesentlichen nichts anderes als die Gesellschaftskomplexe in mosaikartiger Durchdringung.

Bei einer unvoreingenommenen Aufnahmetechnik, wie sie grundsätzlich von jedem Soziologen und auch im vorliegenden Falle auf der Perchtoldsdorfer Heide gehandhabt wurde, werden derartige Übergänge neben den reinen Gesellschaften wohl erfaßt — soferne sie nur als solche, als Übergänge, h o m o g e n sind: die F o r d e r u n g   n a c h   d e r   H o m o g e n i t ä t des Bestandes ist die einzige Voreingenommenheit des Soziologen! Als Übergänge werden diese Aufnahmen dann auch in der Tabelle ersichtlich werden und derart die natürlichen Gegebenheiten widerspiegeln.

Es besteht allerdings keinerlei Anhalt dafür, daß die Übergänge in der Natur verbreiteter wären als die reinen Gesellschaften: würden die Übergänge überwiegen, so würden eben diese als Gesellschaftseinheiten beschrieben werden, womit sich jedenfalls grundsätzlich wenig ändern würde. Es scheint jedoch, daß es sich hiebei mehr um einen rhetorischen Einwand, als um die Beachtung der tatsächlichen Verhältnisse handelt! Es wird allerdings hier die Einheitlichkeit der Gesellschaften als eine Erfahrungstatsache und als einmal gegeben betrachtet, ohne daß an dieser Stelle deren Ursachen untersucht werden sollen.

Sukzessionen.

Unter Sukzession oder Gesellschaftsabfolge versteht man die Veränderung der Pflanzengesellschaft einer Lokalität im Ablaufe der Zeit. L ü d i definiert die Sukzession als „die im Laufe der Zeiten erfolgenden Veränderungen der Vegetation eines engeren oder weiteren Gebietes, die sich im Wechsel der Pflanzengesellschaften äußern". Es handelt sich bei der Sukzession jedenfalls um einen genetischen Begriff von dynamischer Qualität.

Von grundsätzlicher Bedeutung für den vorliegenden Gedankengang erscheint die Abgrenzung gegenüber dem vorstehenden Gesellschaftsübergang: Worin liegt die Unterscheidung zwischen räumlich bedingtem Kontakt (in Gesellschaftsübergängen wie auch in Gesellschaftskomplexen) und dynamischer Vegetationsentwicklung? Welches sind die K r i t e r i e n   e i n e r   S u k z e s s i o n, die uns dazu berechtigen, tatsächlich von einer Gesellschaftsentwicklung zu sprechen?

Als besonders aufschlußreich für die vorliegende Problematik sei das Beispiel der Aufnahmen 9 und 10 untersucht. Es handelt sich dabei um Spätstadien der Federgrasflur mit zahlreichen Elementen des Polygaleto-Brachypodietum (vgl. S. 25). Hiebei kann es sich ebenso um einen Übergang zwischen beiden Gesellschaften infolge einer ökologischen Zwischenstellung als um eine Gesellschaftsentwicklung handeln, die von der Federgrasflur zum Trockenrasen des Polygaleto-Brachypodietum führt. Die Arten der letztgenannten Gesellschaft wären demnach entweder ökologische oder aber genetische Differentialarten, die eine Gesellschaftsentwicklung einleiten. —

Als ein weiteres Beispiel sei die echte Felssteppe (Fumaneto-Stipetum typicum) erwähnt, von der die Federgrasflur (Fazies von *Stipa pulcherrima*) nur durch eine Verarmung der Artenliste unterschieden ist; eigene Differentialarten der Federgrasflur fehlen. Beides sind Dauergesellschaften, die echte Felssteppe auf skelettreichem, felsigem Boden, die Federgrasflur auf sandigen, flachgründigen Standorten.

Angesichts des Fehlens von genetischen Differentialarten scheint eine dynamische Beziehung zwischen diesen beiden Dauergesellschaften unwahrscheinlich. Und dennoch wird der Fels einmal zum Sand, der Standort einer Felssteppe eines Tages durch Verwitterung und Abtragung zu dem der Federgrasflur mit der entsprechenden Pflanzendecke. So wird die Federgrasflur also doch zum Folgestadium der Felssteppe, sobald der Standort entsprechend verändert wurde.

Es ist demnach aber durchaus möglich, daß auch im erstgenannten Beispiel die ökologischen Differentialarten zu genetischen Differentialarten werden, wenn sich der Standort im Laufe der Zeit in der Richtung zu dem der Folgegesellschaft verändert. Vielleicht ist es überhaupt **nicht möglich, zwischen ökologischen und genetischen Differentialarten zu unterscheiden,** und es wäre angezeigt, überhaupt nur von **Kontaktarten** zu sprechen, ohne Rücksicht auf ihre dynamische Wertigkeit?

Die Differentialarten allein können also nur in bedingtem Ausmaße als Zeugen einer Vegetationsentwicklung herangezogen werden.

Unter Umständen könnte aus dem **punktartigen Auftreten** von Arten innerhalb eines bestimmten Gebietes auf eine bestimmte Gesellschaftsentwicklung geschlossen werden.

So konnte das punktartige Anfliegen und Aufkommen der Schwarzföhre im Laufe der letzten Jahre empirisch nachgewiesen werden; auch die Arten des Buschwaldes, die punktartig im Trockenrasengebiet auftreten, können mit ziemlicher Sicherheit als Pioniere des Waldes betrachtet werden.

Ein derartiges Punktvorkommen könnte also als ein, wenn auch schwaches Kriterium für eine bestimmte Sukzessionsrichtung betrachtet werden. Dagegen ließe ein reichliches Vorkommen von gesellschaftsfremden Elementen auch außerhalb der Aufnahmefläche eher auf einen räumlichen Kontakt schließen; es **kann** jedoch auch eine Sukzession andeuten, wie es etwa bei den ausgeprägten Gürteln der Teichverlandung der Fall ist.

Zusammenfassend muß gesagt werden, daß die Abgrenzung zwischen Gesellschaftsübergängen und echter Sukzession sehr schwierig zu treffen ist: Übergänge können Sukzessionen darstellen, müssen es aber nicht. **Ein floristischer Übergang zwischen verschiedenen Gesellschaften stellt noch keinen Beweis für eine Sukzession dar**, sondern höchstens eine gewisse Wahrscheinlichkeit!

Das **punktartige Vorkommen** von gesellschaftsfremden Arten in einem größeren Gelände könnte ein gewisses objektives Kriterium für eine tatsächliche Gesellschaftsentwicklung darstellen. Sonst gibt es anscheinend **kaum eine Möglichkeit, aus den statischen Gegebenheiten die Kriterien für eine dynamische Gesellschaftsentwicklung zu erkennen**: diese ist nur aus der Verfolgung der tatsächlichen Veränderungen empirisch feststellbar! Hiefür soll aber die vorliegende Arbeit die Voraussetzungen liefern.

Sicherlich gibt es Sukzessionen, auch im untersuchten Gebiet, aber alle floristischen Hinweise für eine Sukzession können ebensogut als standortsbedingte Übergänge zwischen zwei Gesellschaften gedeutet werden!

Letztlich bleibt über die persönliche Intuition und das Fingerspitzengefühl des Soziologen hinaus tatsächlich **nur die Möglichkeit einer exakten, empirischen Feststellung der tatsächlich ablaufenden Veränderung der Vegetation**! Darin wird auch der wesentliche Wert der vorliegenden Untersuchung erblickt, nämlich in der Erhärtung der theoretischen, mehr oder weniger spekulativen Annahmen in einem groß angelegten Experiment. Die Verfolgung des jährlichen Anfluges von Schwarzföhrensamen und ein allfälliges Neuauftreten von Arten ist hiezu ein erster Anfang, dem sich die Beobachtung der Veränderungen in den Dauerquadraten während der kommenden Jahrzehnte anschließen muß. Nur auf diese Weise kann der exakte Nachweis des tatsächlichen Ganges der Vegetationsentwicklung erbracht werden. **Dadurch wird es aber auch möglich sein, den objektiven Forschungsnachweis an die Stelle spekulativer Erwägung zu setzen!**

Auf Grund der bisherigen Beobachtungen darf angenommen werden, daß sich unter Umständen ein unerhört rascher Sukzessionsablauf einstellen wird. Besonders gilt dies für die tiefergründigen, menschlich beeinflußten Standorte, während die bodenbedingten Dauergesellschaften extremer Stellen durch längere Zeit hindurch unverändert bleiben dürften.

Auf die vermutlichen Sukzessionsrichtungen wird im speziellen Teil immer wieder hingewiesen werden. Es darf hiebei jedoch nicht verschwiegen werden, daß der tatsächliche Gang der Entwicklung meist doch anders geht, als man es sich vorstellte. Und es darf hier auch das Wort B r a u n - B l a n q u e t s über die Sukzessionsverhältnisse im Schweizer Nationalpark als warnendes Beispiel zitiert werden: „Im Einzelnen . . . verläuft die Sukzession viel komplizierter als man etwa erwarten konnte" und: „Diesen beiden Fällen ließen sich andere anfügen, die zeigen, wie behutsam man bei Sukzessionshypothesen sein muß" (Br.-Bl. in litt., 1951).

Die soziologische Struktur der Pflanzengesellschaften.

Das Banngebiet wird zum überwiegenden Teil von Trockenrasen eingenommen. Nur an wenigen, bevorzugten Stellen vermag der Buschwald aufzukommen.

Die Vegetation der Trockenrasen wird von zwei Assoziationen eingenommen, die mit ihren Untereinheiten nicht nur floristisch klar zu präzisieren sind, sondern die auch wohl abgegrenzte physiognomische Einheiten an klar erkennbaren Standorten darstellen.

Es ist dies einmal die Assoziation des F u m a n e t o - S t i p e t u m (in der Fassung von W a g n e r 1944) mit ihren beiden Ausbildungen der eigentlichen F e l s s t e p p e in felsiger, grusreicher Hanglage, auf steinigen Felsrippen, und der F e d e r g r a s f l u r auf erdigen, verwachseneren, aber noch flachgründigen Südhängen. Innerhalb der eigentlichen Felssteppe läßt sich noch eine moos- und flechtenreiche Initialgesellschaft auf vermutlich weitgehend entkalktem Boden unterscheiden (Flechten-Felssteppe).

Auf ebenem, tiefgründigem Boden nimmt das P o l y g a l e t o - B r a c h y p o d i e t u m p i n n a t i die größten Flächen des Banngebietes ein. Es ist dies im Gegensatz zur vorhergehenden Assoziation eine Sekundärgesellschaft, die durch menschliche Einwirkung aus dem Flaumeichen-Buschwald hervorgegangen ist.

Auf noch flachgründigeren Böden dieser Gesellschaft tritt eine T r o c k e n b u s c h - reiche Untereinheit hervor, die unverkennbar aus dem Fumaneto-Stipetum hervorgegangen ist, ihrer floristischen Zusammensetzung nach jedoch der Assoziation des Polygaleto-Brachypodietum zuzuzählen ist. Im Bereiche der alten S c h w a r z f ö h r e schließlich ist der Trockenrasen vor allem durch das Überwiegen des Blaugrases ausgezeichnet.

Diese Trockenrasengesellschaften gehören ihrer soziologischen Einstufung nach zum kontinentalen Verbande des Festucion valesiacae (bzw. dem Seslerio-Festucion glaucae in der Kontinentalen Verbandsgruppe nach K n a p p 1942) und als solche zur Ordnung der Brometalia.

Scharf hievon getrennt sind die Pioniergebüsche des F l a u m e i c h e n w a l d e s aus dem Verband des Quercion pubescentis-sessiliflorae (bzw. des Dictamno-Sorbion K n a p p 1942) und der Ordnung der Quercetalia pubescentis-sessiliflorae. An tiefgründigen, muldig-feuchteren Stellen bildet diese Assoziation kleine, aber wohl abgegrenzte Gebüsche, welche die weitere Vegetationsentwicklung des Gebietes anzeigen.

Es handelt sich demnach zusammenfassend um folgende Gesellschaftseinheiten, die in dieser Arbeit unterschieden wurden:

Assoziation:	Subassoziation:	Deutscher Gesellschaftsname:
Fumaneto-Stipetum		Felssteppe
„	Subass. v. *Poa badensis*	Flechtenreiche Felssteppe
„	typicum	Typische Felssteppe
„	typicum, Fazies v. *Stipa pulcherrima*	Federgrasflur
Polygaleto-Brachypodietum	typicum	Eigentlicher Trockenrasen
„	Subass. v. *Rhamnus saxatilis*	Trockenbusch
„	Subass. v. *Pinus nigra*	Schwarzföhrenstadium des Trockenrasens
Geranieto-Quercetum		Flaumeichen-Buschwald

Zur Orientierung mögen schließlich noch die entsprechenden Assoziationen bei Wagner und Knapp mit ihren höheren Kategorien wiedergegeben werden.

Die Gesellschaftseinheiten bei

	Wagner 1941	Knapp 1942
Klasse:		Festucetea ovinae Knapp 1942
Ordnung:	Brometalia erecti (Koch 1926) Br.-Bl. 1936	
Verbände:	Festucion valesiacae Klika (1931) 1939	Kontinentale Verbandsgruppe Knapp 1942
		Seslerio-Festucion glaucae Klika 1931
Assoziationen:	Fumaneto-Stipetum pulcherrimae Wagner 1942	Jurineetum mollis Knapp 1942
		Verband: Astragalo-Stipion Knapp 1942
	Medicageto-Festucetum valesiacae Wagner 1942	Astragalo-Stipetum Knapp 1942
	Polygaleto-Brachypodietum pinnati Wagner 1942	Cirsio-Festucetum sulcatae Knapp 1942

Klasse:	Querceto — Fagetea Br.-Bl. et Vlieger 1937	
Ordnung:	Quercetalia pubescentis-sessiliflorae	
Verband:	Quercion pubescentis-sessiliflorae Br.-Bl. 1932	Dictamno-Sorbion Knapp 1942
Assoziation:	Geranieto-Quercetum Wagner 1942	Dictamno-Sorbetum Knapp 1942

Es wurde dabei kein Anlaß gefunden, über die Gesellschaftseinheiten Wagners nach dessen eingehender und grundlegender Untersuchung über die pannonischen Trockenrasen des Alpenostrandes (Wagner 1941) hinauszugehen, deren Rahmen auch die vorliegende Arbeit einhält. Die pannonischen Trockenrasengesellschaften wurden späterhin von Knapp 1942 in einen größeren Rahmen gestellt; es erschien jedoch angesichts des lokal begrenzten Rahmens der vorliegenden Untersuchung zweckmäßiger, von den gleichfalls lokalen und damit notwendigerweise genaueren Einheiten Wagners auszugehen. (Auch die Benennung der Gesellschaften wie etwa der Felssteppe als Fumaneto-Stipetum bei Wagner erschien aus verschiedenen Gründen zutreffender als das Jurineetum mollis Knapps über größere Räume!)

Der Trockenrasen
(Aufnahmen 1—23 der Tabelle.)

Eine Reihe durchgehender Trockenrasenarten von durchwegs höherer soziologischer Wertigkeit verbindet die Gesellschaften des Trockenrasens und grenzt diese scharf gegenüber dem Buschwald ab. In der anderen Richtung klingen diese Arten allgemeiner Wertigkeit gegen die Initialgesellschaften der Felssteppe etwas aus, eine Erscheinung, die durchaus mit der Beobachtung Knapps übereinstimmt, daß die Klassencharakterarten gegen die trockenen, extremen Gesellschaften zu abnehmen.

Als derart durchgehende Trockenrasenarten sind zu nennen:

Bromus erectus
Carex humilis
Teucrium montanum
Dorycnium germanicum
Anthyllis Vulneraria

Pulsatilla vulgaris ssp. *grandis*
Linum tenuifolium
Seseli Hippomarathrum
Avenastrum pubescens

Von diesen Arten wird *Teucrium montanum* von Wagner als feste Charakterart des Fumaneto-Stipetum mit schwächerer, aber doch deutlicher Bindung an diese Gesellschaft angeführt. Im untersuchten Gebiet trifft dies keinesfalls zu; auch ein etwaiges Ausklingen der Pflanzen im Polygaleto-Brachypodietum kommt bei den geringen beiderseitigen Deckungswerten nicht in Frage. *Teucrium montanum* verhält sich vielmehr als durchgehende Charakterart höherer soziologischer Wertigkeit. Auch *Linum tenuifolium* zeichnet durchaus nicht etwa felsige Stellen aus, wie sein Habitus vermuten ließe, sondern tritt ganz gleichmäßig in den Trockenrasen des Gebietes auf. Es bestätigt dies die Einstufung der Art bei Wagner, der sie zwar als gesellschaftshold mit stärkerer Bindung an das Fumaneto-Stipetum, aber nicht als Charakterart dieser Assoziation anführt.

Ein ausgesprochenes Optimum im Polygaleto-Brachypodietum zeigt *Anthyllis Vulneraria* mit Faziesbildung in dieser Gesellschaft und ähnlich auch *Pulsatilla vulgaris* ssp. *grandis*. Trotzdem gehen beide Arten zu allgemein durch alle Trockenrasengesellschaften, um für eine Assoziation als charakteristisch betrachtet werden zu können. *Avenastrum pubescens* deutet ein gewisses Optimum in der Federgrasflur an, ist aber gleicherweise im Polygaleto-Brachypodietum vertreten und meidet lediglich jedes Buschwerk!

Das Fumaneto-Stipetum pulcherrimae.
(Aufnahmen 1—10.)

Das Fumaneto-Stipetum ist eine natürliche Dauergesellschaft flachgründiger, felsig-erdiger Standorte an heißen, meist südgeneigten Hängen. Es ist durch die Besonderheit des extremen Bodens bedingt und stellt eine edaphische, echte Steppe des pannonischen Raumes dar, die mitunter interessante Reliktarten beherbergt (*Convolvulus Cantabrica, Dracocephalum austriacum*).

In seiner Physiognomie ist es durch das Vorherrschen von Kriechstauden und Horstgräsern unter starker Beteiligung von Therophyten gekennzeichnet (W a g n e r nennt es eine Horstpflanzen-Teppichstrauchgesellschaft).

In den hieher gehörigen Aufnahmen finden naturgemäß die Charakterarten des Fumaneto-Stipetum W a g n e r s ihr Optimum, bzw. die Arten der tiefgründigen, xerothermen Gruppe der Brometalia K n a p p s.

Globularia cordifolia ist unzweifelhaft ein sehr guter Zeiger der Gesellschaft und trotz seines Auftretens in alpinen Gesellschaften eine gute Charakterart des Fumaneto-Stipetum von stufenlokaler Giltigkeit. Eine gute Bestätigung findet auch die von W a g n e r festgestellte Bevorzugung des Fumaneto-Stipetum durch *Aster Linosyris, Tortella tortuosa, Toninia coeruleo-nigricans, Caloplaca fulgens*.

Gegenüber dem P o l y g a l e t o - B r a c h y p o d i e t u m sind die Arten dieser Gruppe im allgemeinen recht gut abgegrenzt. Nur wenige Ausnahmen, wie etwa *Helianthemum canum*, klingen als Reste des Fumaneto-Stipetum im tiefergründigen Trockenrasen aus.

Dagegen ist das stärkere Auftreten der Arten dieser Gesellschaft einschließlich der Therophyten im T r o c k e n b u s c h von besonderem Interesse — weist es doch auf die Herkunft des Trockenbusches aus dem Fumaneto-Stipetum hin; die bezeichnenden Arten des Fumaneto-Stipetum werden im Trockenbusch zu genetischen Differentialarten! (Vgl. S. 29).

Von eigenem Interesse sind schließlich die frühblühenden Therophyten, die F r ü h l i n g s e p h e m e r i d e n dieser Gesellschaft. Zu einer Zeit, da der Trockenrasen noch in stumpfem Grau liegt, blüht der Fels, blühen offene Vegetationsflecke mit unzähligen kleinen, unscheinbaren Pflänzchen. Infolge der geringen Raumverdrängung der einzelnen Individuen sind sie gezwungen, Standorte zu bewohnen, „an welchen der Wettkampf mit anderen Arten ausgeschaltet ist" (G á y e r 1930), nämlich vegetationsarme Stellen des felsigen Bodens oder die erdig-sandigen, nackten, offenen Stellen zwischen den Horsten des Federgrases. Dort breiten sie sich in oft ungeheurer Individuenfülle aus und bilden Synusien (M e u s e l) innerhalb Gesellschaften anderer Lebensformen, deren offener Wuchs ihnen Existenzmöglichkeit bietet. Hiezu kommt wohl noch, wie R o s e n k r a n z meint, die thermische Begünstigung offener Stellen, die neben dem Konkurrenzphänomen nicht übersehen werden darf.

Im Gebiete der Reservation treten sie ausschließlich im Fumaneto-Stipetum und nur spärlich im Trockenbusch auf — als eine Folge der geringen Vegetationsdeckung dieser Gesellschaften. So gestatten sie eine scharfe Abgrenzung des Fumaneto-Stipetum. Während die übrigen Arten dieser Gesellschaft im

Polygaleto-Brachypodietum noch ausklingen, meiden die Therophyten das stärker verwachsene Polygaleto-Brachypodietum vollkommen (demnach ist das Vorkommen der Therophyten in bestimmten Gesellschaften eigentlich die Folge einer unmittelbaren ökologischen Bindung an den offenen Boden verschiedener Gesellschaften und nur mittelbar einer soziologischen Bindung an bestimmte Assoziationen!). Ebenso treten die Therophyten auf den flechtenreichen Stellen etwa der Aufnahmefläche 2 zurück; es scheint, daß sich die Frühlingstherophyten und die Flechten bei stärkerem Auftreten gegenseitig ausschließen.

Im beschriebenen Gebiete handelt es sich um folgende Arten:

Hornungia petraea *Arenaria serpyllifolia*
Arabis auriculata *Minuartia fasciculata*
Erophila verna *Veronica praecox*
Cerastium glutinosum *Saxifraga tridactylites*
Thlaspi perfoliatum *Holosteum umbellatum*

Hievon zeigen besonders *Arabis auriculata* und *Hornungia petraea* eine weitgehende ökologische Affinität, die sich in einem nahezu steten gemeinsamen Vorkommen ausdrückt. Ähnlich ist auch *Arenaria serpyllifolia* von den übrigen Arten deutlich abgesetzt — sie beginnt erst zu blühen, wenn die Zeit der anderen Therophyten bereits längst vorbei ist.

Schließlich ist noch *Alyssum calycinum* als einjährige Pflanze des Gebietes zu erwähnen, die jedoch nicht mehr zu dieser Gruppe von Nanophyten im engeren Sinne zu rechnen ist.

Die übrigen Einjährigen des Gebietes sind S p ä t b l ü h e r und gehören als solche ebenfalls nicht mehr in die Kategorie der Frühlingsephemeriden, wie besonders *Orthantha lutea*, *Gentiana austriaca* und vereinzelt *Calamintha Acinos*.

Die Flechtenreiche Felssteppe
(Fumaneto-Stipetum, Subass. v. *Poa badensis*)

(Aufnahmen 1—3.)

An einigen wenigen Stellen des Banngebietes ist eine moos- und flechtenreiche Ausbildung des Fumaneto-Stipetum entwickelt, die ich nach der bezeichnendsten Differentialart als Subass. von *Poa badensis* benennen möchte.

Sie entspricht ohne Zweifel dem Jurineetum mollis K n a p p s in seiner Subass. lecanoretosum (Flechten-Filzschartenflur), die bei W a g n e r noch nicht ausgeschieden ist. Sie besiedelt nach K n a p p 1944 b „nahezu ebene Felsflächen mit äußerst dünner Feinerdeauflage". „Die sehr flachgründige, in beiden beobachteten Fällen nur 2 cm mächtige Feinerdedecke besteht aus äußerst humusreichem, meist tiefschwarzem, fast völlig ungekrümeltem, skelettreichem, grusigem Boden. In ihm ist mit Salzsäure kein Kalk nachzuweisen, obgleich das Gestein kalkreich ist". (!) „Sie ist durch einen großen Reichtum an kleinen Moosen und vor allem an Flechten ausgezeichnet (Alvar-Vegetation)".

Mit der Typischen Felssteppe verbindet diese Subassoziation vor allem der hohe Anteil an Moosen und Flechten des grusig-felsigen Bodens *(Ditrichum flexicaule, Syntrichia ruralis; Toninia coeruleo-nigricans,* sowie andere Arten des offenen Bodens, wie *Potentilla arenaria, Orthantha lutea, Festuca stricta.* Diese Arten grenzen die beiden Ausbildungen der Felssteppe gegenüber anderen Einheiten sehr gut ab, obwohl ihnen eine höhere soziologische Einstufung bei Wagner und Knapp zuteil geworden ist.

Die Flechten-Felssteppe selbst ist von der Typischen Felssteppe nicht allzu scharf geschieden: bei einer höheren Vegetationsdeckung (85—95%) handelt es sich vor allem um ein fazielles Überwiegen einzelner Arten — wie *Potentilla arenaria, Festuca stricta, Cladonia* sp., *Syntrichia ruralis* — das auch optisch in die Augen fällt, aber keinesfalls zur Ausscheidung eigener Differentialarten führt.

Von den guten Differentialarten, die nur dieser Gesellschaft eigen sind, ist namentlich *Poa badensis* zu nennen, die auch noch schwach in Aufnahme 4 übergreift; auch *Erophila verna, Cerastium glutinosum* und *Holosteum umbellatum* sind gut abgegrenzt. Die übrigen Arten sind lediglich vereinzelt und eigentlich nur mehr für die Eigenart der einzelnen Aufnahmen von Bedeutung oder überhaupt zufälliger Natur. *Tunica saxifraga* ist nach Wagner feste Charakterart des Medicageto-Festucetum, tritt aber auch in Ausläufern des Fumaneto-Stipetum auf, was wohl hier der Fall ist. Auch *Galium lucidum* als Differentialart ist wohl nur von zweifelhaftem Werte!

Unterschiedlich von der Typischen Felssteppe ist das Auftreten von Arten des Polygaleto-Brachypodietum in der Flechten-Felssteppe sehr bezeichnend:

Helianthemum ovatum   *Hypnum cupressiforme*
Centaurea Scabiosa   *Abietinella abietina*
Euphorbia Cyparissias   *Rhytidium rugosum*

In den Aufnahmen 2 und 3 treten verschiedene Elemente des Trockenbusches auf (s. u.), die gegenüber den vorgenannten Arten die Sukzessionsrichtung anzeigen dürften!

Schließlich ist die Flechten-Felssteppe durch das Fehlen verschiedener Arten ausgezeichnet, wie *Dorycnium germanicum* und *Avenastrum pubescens,* während andere, durchgehende Trockenrasenarten ausklingen. Auch Arten des Fumaneto-Stipetum klingen aus, wie *Globularia cordifolia,* während *Stipa pulcherrima* und *Fumana procumbens,* wohl zusammenhängend mit dem abweichenden Charakter des Standortes, überhaupt fehlen.

Die einzelnen Probeflächen.

1 — Ein horstgrasreiches Initialstadium auf flachgründigem, aber stärker erdigem Boden als die folgende Aufnahme. Die Horstgräser *Bromus erectus* und *Carex humilis* sind stärker vertreten, dagegen treten die Trockenbuscharten zurück. Die Aufnahme ist durch einige Arten gekennzeichnet, die einen ruderalen Einfluß kennzeichnen: *Thlaspi perfoliatum* (bevorzugt stärker ruderale Stellen), *Arenaria serpyllifolia* (auch in Unkrautgesellschaften des Secalinion), *Sedum album* (im Banngebiet auch auf steinigen Stellen des ehemaligen Weges).

Das Überwiegen der Horstgräser deutet auf eine abgeleitetere Stellung gegenüber Aufnahme 2 hin, das Fehlen der Trockenbuscharten läßt eine andere Entwicklungsrichtung vermuten.

2 — Ein benachbartes, flechtenreiches Initialstadium auf sehr flachgründigem, grusreichem und teilweise schotterigem Boden. Die offenen Stellen sind reichlich mit Flechten und Moosen bedeckt. Die beiden der Aufnahme eigenen Arten — *Allium montanum* und *Bryum argenteum* — dürften wohl kaum mehr als nur zufälligen Charakter haben.

Mit der nachfolgenden, räumlich entfernteren Probefläche verbinden verschiedene Elemente des Trockenbusches.

3 — Auf skelettreichem, steinig durchsetztem Boden mit 3—5 cm großem Grus auf einer SW-exponierten Felsrippe. Die Vegetationsentwicklung zum Trockenbusch ist gegenüber den vorhergehenden Aufnahmen durch eine größere Zahl von Arten des Polygaleto-Brachypodietum und vor allem durch Arten des Trockenbusches ausgezeichnet, von denen besonders das reiche Auftreten von *Rosa spinosissima* bemerkenswert ist. Zu erwähnen sind aber auch *Amelanchier ovalis* und *Rhamnus saxatilis,* sowie bereits einige Arten des Flaumeichenbusches *(Asperula tinctoria, Polygonatum officinale, Dictamnus albus).*

Die Typische Felssteppe
(Fumaneto-Stipetum typicum)
(Aufnahmen 4—6.)

Auf extrem trockenem und warmem Boden, auf grusreichen Standorten und felsiger Hanglage, an Felsrippen siedelt eine Initialgesellschaft mit geringer Vegetationsdichte (60—70), die unzweifelhaft dem Gesellschaftstypus des Fumaneto-Stipetum entspricht: die eigentliche Felssteppe. Eine große Zahl farbenfroher Frühjahrsblüher belebt diese Gesellschaft, die Knapp einen „bunten Steingarten" nennt.

Das Lebensformenspektrum mit seinem Chamäphyten-Hemikryptophyten-Anteil ist gegenüber der Flechten-Felssteppe wenig verändert und weist immer noch zahlreiche Therophyten auf.

Die vorausgegangene Flechten-Felssteppe stellt wahrscheinlich einen Sonderfall dieser Assoziation, entsprechend dem veränderten Standort, und eine Parallelentwicklung dar. Die floristischen Verbindungen wurden bereits besprochen, ebenso jene Arten, welche die Flechten-Felssteppe auszeichnen und die nun hier fehlen. Mit der nachfolgenden Federgrasflur verbindet eine Anzahl sehr gut abgegrenzter Arten, welche die enge Gemeinsamkeit beider Einheiten innerhalb der Assoziation des Fumaneto-Stipetum zum Ausdruck bringen.

Die Beziehungen zu den beiden anderen Einheiten des Fumaneto-Stipetum lassen sich dahingehend zusammenfassen, daß vom vorliegenden Gesellschaftstypus aus eine Entwicklungsrichtung auf ausgelaugtem Boden zur Flechten-Felssteppe führt, während sich andererseits mit dem Zurücktreten des Skelettanteils im Boden die Federgrasflur auf sandig-erdigen Hängen einstellt. Diese Beziehungen lassen sich auf Grund der Artenliste nachweisen und stellen sich schematisch wie folgt dar:

Flechten-Felssteppe ← Gesellschaftstypus → Federgrasflur
auf ausgelaugtem Boden   in erdig-sandiger Hanglage

Floristisch ist die Verbindung der Typischen Felssteppe mit der Federgrasflur durch *Stipa pulcherrima*, *Fumana procumbens* und *Minuartia fasciculata* hergestellt, von denen die beiden ersten sehr gute Charakterarten des Fumaneto-Stipetum darstellen. Dagegen fehlen beiden Einheiten einige Arten des Polygaleto-Brachypodietum, die bereits in der Flechten-Felssteppe erwähnt wurden (besonders *Centaurea Scabiosa*, *Helianthemum ovatum*, *Euphorbia Cyparissias*, *Hypnum cupressiforme*, aber auch *Abietinella abietina* und *Rhytidium rugosum*). Eigene Differentialarten gegenüber der Federgrasflur fehlen, soferne man nicht *Stipa capillata* als eine solche betrachten will. Dagegen unterscheidet sich die Typische Felssteppe von der Federgrasflur durch jene Arten, die die Typische mit der Flechten-Felssteppe gemeinsam hat und die der Federgrasflur fehlen (s. S. 22).

Die einzelnen Probeflächen

4 — Auf sehr skelettreichem Boden (Grus 0,5—1, bis zu 5 cm), teilweise anstehender Fels. An lokal verwachsenen Stellen treten Arten des tiefergründigen Trockenrasens auf, welche den Artenreichtum der Aufnahme verursachen. Es handelt sich um einen Gesellschaftskomplex auf engstem Raum, der aber innerhalb dieser Probefläche deutlich zu verfolgen ist. Verschiedene Arten treten innerhalb des Gebietes nur in dieser Probefläche auf, wie *Centaurea rhenana*, *Veronica praecox*, *Caloplaca fulgens* u. a.

5 — Diese Probefläche fällt durch das Fehlen verschiedener Arten des Fumaneto-Stipetum auf; an zusätzlichen Arten wäre nur *Polygonatum officinale* zu nennen. Die Moose (*Tortella tortuosa, Syntrichia ruralis*) besiedeln vorwiegend die felsigen Stellen. Der Boden ist grusig-erdig. Die Entwicklung geht auf flachgründigem Boden zur Federgrasflur, auf tiefergründigem Boden zur folgenden Aufnahme.

Unterhalb von Aufnahme 5 liegt ein Felsblock mit zahlreichen Krustenflechten, *Orthotrichum* und *Grimmia* sp.; an der Schattseite *Tortella tortuosa*.

6 — Bereits etwas tiefergründiger, aber noch grusdurchsetzter Boden mit reichlichen Moosen und einer offensichtlichen Zunahme der Arten des Polygaleto-Brachypodietum. Die Entwicklung führt hier, parallel mit der zunehmenden Gründigkeit des Bodens, unverkennbar zur Federgrasflur und innerhalb dieser zu den abgeleiteten Stadien etwa der Aufnahme 9, mit denen die Arten des Polygaleto-Brachypodietum verbinden.

Die Federgrasflur
(Fumaneto-Stipetum typicum, Fz. v. *Stipa pulcherrima*)
(Aufnahmen 7—10.)

Die Federgrasflur stellt eine sehr bezeichnende Hanggesellschaft, auch auf kleinsten südexponierten Böschungen des Banngebietes, dar. Sie besiedelt durchwegs südgeneigte Hanglagen auf flachgründigem, erdig-sandigem, skelettarmem Boden. Gleich der vorhergehenden Gesellschaft stellt sie eine edaphisch bedingte, natürliche Steppe dar. Der Vegetationsschluß ist mit 85% bereits wieder höher als in der Felssteppe, auf den offenen Flecken zwischen den Horsten der *Stipa* siedeln noch Frühlingsephemeriden, während Moose und Flechten gegenüber der Felssteppe entscheidend zurücktreten.

Die Federgrasflur ist überhaupt durch das fazielle Überwiegen von *Stipa* unter Zurücktreten der übrigen Arten des Fumaneto-Stipetum bestimmt und stellt bereits eine Verarmung dieser Gesellschaft im Zuge der Faziesbildung dar: es fehlen die Differentialarten der Felssteppe, die Kryptogamen klingen aus und selbst die gemeinsamen Arten mit der Typischen Felssteppe treten zurück, wie *Fumana procumbens* und *Minuartia fasciculata; Stipa capillata* fehlt gänzlich. Lediglich ein gewisses Optimum von *Avenastrum pubescens* begleitet das fazielle Überwiegen von *Stipa pulcherrima*. Das Auftreten verschiedener Arten des Polygaleto-Brachypodietum ist lediglich durch die Verschiedenheit des Bodens und die beginnende Tiefgründigkeit bedingt, reicht jedoch keinesfalls aus, diese Arten als eigene Differentialarten auszugliedern.

Es handelt sich also um eine Federgras-Fazies des Fumaneto-Stipetum, die keine eigenen Differentialarten erkennen läßt, während durch das fazielle Auftreten von *Stipa pulcherrima* eine Verarmung des Artenbestandes herbeigeführt wird. Diese optisch außerordentlich befremdende Tatsache bei einer physiognomisch derart eindrucksvollen Gesellschaft beweist wieder einmal die Exaktheit einer floristisch unterbauten Gesellschaftsfassung auf Grund des Treuewertes der Arten, da es sich im vorliegenden Falle keinesfalls etwa um ein eigenes „Stipetum" handelt, sondern lediglich um eine *Stipa*-Fazies des Fumaneto-Stipetum.

Die physiognomische Eigenart der Federgrasflur drückt sich auch in ihrem Lebensformenspektrum aus: die Hemikryptophyten überwiegen hier erstmalig gegenüber den bisher vorherrschenden Chamäphyten infolge des Dominierens von *Stipa pulcherrima* und auch auf Grund der in die Spätstadien der Gesellschaft eindringenden Arten des Polygaleto-Brachypodietum; die Therophyten gehen bereits zurück, die Kryptogamenanteile werden gering.

Zur soziologischen Einstufung der Federgrasflur als Fazies der Typischen Felssteppe wäre noch folgendes zu bemerken: nach streng orthodoxer

Methodik müßte die Federgrasflur in rein statistischer Auswertung als typische Subassoziation des Fumaneto-Stipetum betrachtet werden, die echte Felsflur dagegen als eine Variante auf Grund der ihr eigenen Differentialarten. Es geht aber wohl nicht an, eine faziesbedingte V e r a r m u n g deshalb als Typus zu bezeichnen, weil man sie nicht durch eigene Differentialarten unterscheiden kann: der Typus einer Gesellschaft ist nun einmal etwas anderes als eine Verarmung!

Von großem Interesse ist das F o l g e s t a d i u m der Federgrasflur (die Aufnahmen 9 und 10), welches durch die große Zahl der hier scharf einsetzenden Arten des Polygaleto-Brachypodietum eine Beziehung zu dieser Gesellschaft andeutet. Über die Natur dieser Beziehung in dynamischer Hinsicht wurde bereits gesprochen (S. 14).

D i e e i n z e l n e n P r o b e f l ä c h e n.

Der Boden ist in den einzelnen Aufnahmen durchwegs erdig und nahezu skelettfrei. Während die Aufnahme 7 noch reicher an Arten des Fumaneto-Stipetum ist, stellt die Aufnahme 8 den T y p u s der Federgrasflur unter Zurücktreten der Fumaneto-Stipetum-Arten dar, ohne daß zusätzlich neue Arten des Polygaleto-Brachypodietum hinzukämen. Es handelt sich also um eine Reinausbildung der artenarmen *Stipa-pulcherrima*-Fazies unter Zurücktreten bestandesfremder Arten!

Die beiden letzten Aufnahmen (9 und 10) verkörpern ein Folgestadium mit enger Beziehung zum Polygaleto-Brachypodietum, das durch folgende Arten ausgezeichnet ist:

Genista pilosa
Bupleurum falcatum
Sesleria varia
Thesium Linophyllon
Inula ensifolia
Scorzonera austriaca
Pimpinella saxifraga
Leontodon incanus
Inula hirta
Seseli annum
Scabiosa canescens

Interessant ist die Verschiedenheit in der soziologischen Struktur zwischen den Aufnahmen 10 und 7, die im Gelände unmittelbar aneinanderstoßen — ein Beispiel dafür, wie sehr geringfügigste Unterschiede in der Natur des Standortes ihren präzisen Ausdruck in der Zusammensetzung der Vegetation finden!

Das Polygaleto-Brachypodietum pinnati
(Aufnahmen 11—15.)

Diese Gesellschaft ist von grundsätzlicher floristischer wie standortmäßiger Verschiedenheit gegenüber dem vorausgegangenen Fumaneto-Stipetum. Es handelt sich hier nicht mehr um eine echte Steppe flachgründig-steiniger, heißer Standorte, sondern um einen sekundären, echten Trockenrasen, der auf tiefergründigem Boden durch menschliche Einwirkung aus dem Flaumeichenwald hervorgegangen ist. Der Boden ist nahezu eben (bis höchstens 10° geneigt), woraus sich eine Reihe weiterer Standortsmerkmale ableiten läßt: die Tiefgründigkeit, die höhere Bodenfeuchtigkeit, das Auftreten mesophiler Arten und in deren Folge eben eine andere Pflanzengesellschaft. Der Vegetationsschluß ist mit 100% vollständig, an Stelle der bisherigen Chamäphyten überwiegen nunmehr die Hemikryptophyten mit einem bestimmenden Anteil von Schaftpflanzen: an die Stelle der Horstgräser in der Federgrasflur sind nun zahlreiche

Kräuter getreten, die eine sichtliche physiognomische Unterscheidung der beiden Gesellschaften bereits im Gelände bewirken, wo der Kontrast namentlich in den Südlagen ganz augenfällig in Erscheinung tritt.

Es handelt sich hier um eine ausgesprochene Hemikryptophytengesellschaft, in der die Chamäphyten noch ausreichend vertreten sind, während die Therophyten vollkommen verschwunden sind (vgl. S. 21); an die Stelle der Polstermoose (Chamaephyta pulvinata) des Fumaneto-Stipetum treten nunmehr Deckenmoose (Bryochamaephyta reptantia).

Die soziologische Zugehörigkeit der hiehergehörigen Aufnahmen zum Polygaleto-Brachypodietum ist trotz der geringen Zahl der Charakterarten eindeutig. Bemerkenswert ist eine ausgeprägte Staffelung von Artengruppen, die über den engeren Assoziationsbereich sowohl gegen das Fumaneto-Stipetum an extremen Stellen hinausgreift, als auch gegen den nachrückenden Buschwald andererseits. Nach dem unterschiedlichen Ausmaß des Übergreifens läßt sich eine Gruppierung der hieher gehörigen Arten durchführen, die nachstehend besprochen werden soll.

Von den allgemeinen Trockenrasenarten ist noch *Anthyllis Vulneraria* mit einem Optimum in dieser Gesellschaft zu nennen, das hier auch faziesbildend in Erscheinung tritt.

1. Arten des Polygaleto-Brachypodietum, die stärker gegen das Fumaneto-Stipetum hinausreichen:

Asperula cynanchica   *Cytisus ratisbonensis*
Anthericum ramosum   *Adonis vernalis*

Es handelt sich hiebei zweifellos um keine guten Arten des Polygaleto-Brachypodietum, die jedoch in dieser Gesellschaft ihr Optimum erreichen und von hier aus auch in das Fumaneto-Stipetum übergreifen. Sie finden deshalb auch in der Tabelle ihren Anschluß unmittelbar an die durchgehenden Trockenrasenarten.

Im einzelnen läßt *Anthericum ramosum* eine gewisse Bevorzugung des Trockenbusches erkennen; die Art tritt nach K n a p p 1944a gleichmäßig auch in Eichenbuschwäldern (Quercetalia pubescentis-sessiliflorae) auf. — *Adonis vernalis* bevorzugt ausgesprochen die geschützten Südostlagen, ist jedoch trotz des spärlichen Auftretens im Polygaleto-Brachypodietum keine Pflanze des Fumaneto-Stipetum und auch in der Federgrasflur untypisch.

2. Arten des Polygaleto-Brachypodietum, die bereits in Folgestadien der Federgrasflur scharf abgegrenzt auftreten:

Genista pilosa   *Pimpinella saxifraga*
Bupleurum falcatum   *Leontodon incanus*
Sesleria varia   *Seseli annuum*
Thesium Linophyllon *Inula hirta*
Inula ensifolia   *Scabiosa canescens*
Scorzonera austriaca

Diese Arten zeigen ein entschiedenes Optimum im Polygaleto-Brachypodietum und beweisen auch überzeugend, gleich den Arten der nächsten Gruppe, die Zugehörigkeit des Trockenbusches zum Polygaleto-Brachypodietum!

Einzelne Arten dieser Gruppe lassen im Untersuchungsgebiet eine abweichende soziologische Wertigkeit gegenüber den Angaben W a g n e r s erkennen. So ist etwa *Scabiosa canescens* hier streng an das Polygaleto-Brachypodietum gebunden, von einem treuen Gesellschaftsanschluß an das Fumaneto-Stipetum kann nach den vorliegenden Aufnahmen keine Rede sein! Ähnlich an das Polygaleto-Brachypodietum gebunden sind *Thesium Linophyllon* und *Inula ensifolia*. Auch *Leontodon incanus* bevorzugt keinesfalls das Fumaneto-Stipetum, sondern meidet es geradezu! (Das abbauende Auftreten der Arten dieser ganzen Gruppe in den Folgestadien der Federgrasflur ändert nichts an der eindeutigen Zugehörigkeit zum Polygaleto-Brachypodietum und an deren grundsätzlicher Gesellschaftsfremdheit im *Stipa*-Rasen!)

Auch *Sesleria varia* — bei W a g n e r namengebende Charakterart des Seslerieto-Pinetum nigrae — ist bereits im Trockenrasen des Polygaleto-Brachypodietum durchwegs vertreten und absolut nicht an den Schwarzföhrenbereich gebunden, wenn sie hier auch faziell überwiegt. Die Möglichkeit, daß *Sesleria* im Trockenrasen die Sukzession zum Schwarzföhrenwald einleiten würde, ist unwahrscheinlich.

Inula hirta, nach K n a p p eine Art der Eichenmischwälder, aber auch noch reichlich in Gesellschaften der Brometalia, und *Bupleurum falcatum*, nach K n a p p als Buschwaldpflanze anzusprechen, lassen im vorliegenden Gebiet keinerlei Beziehung zum Buschwald erkennen, sondern bezeichnen eindeutig den Trockenrasen des Polygaleto-Brachypodietum. Auch hier dürfte eine etwaige Einleitung einer Sukzession zum Buschwald durch diese Arten unwahrscheinlich sein. Eher wäre die Möglichkeit noch ausführlicher zu untersuchen, daß es sich in beiden Fällen um Pflanzen der Buschwald - R ä n d e r und lichter Stellen, aber keinesfalls des Waldinneren handelte!

Von besonderer Eigenart ist das Auftreten von Arten dieser Gesellschaft in der Flechten-Felssteppe: *Rhytidium rugosum*, *Abietinella abietina*, *Hypnum cupressiforme*, sowie die ersten Arten der nächsten Gruppe: *Centaurea Scabiosa*, *Helianthemum ovatum*, *Euphorbia Cyparissias*. Diese Arten meiden die Typische Felssteppe und die Federgrasflur und leiten in der Flechten-Felssteppe wahrscheinlich als abbauende Arten die Sukzession ein!

3. A r t e n   d e s   P o l y g a l e t o - B r a c h y p o d i e t u m   m i t   e n g e r   B i n d u n g   a n   d i e s e   G e s e l l s c h a f t :

Centaurea Scabiosa
Helianthemum ovatum
Euphorbia Cyparissias
Phyteuma orbiculare
Campanula glomerata

Linum flavum
Daphne Cneorum
Galium austriacum
Chamaebuxus alpestris

Im eigentlichen Polygaleto-Brachypodietum weisen diese Arten in der Regel nur geringen Deckungswert auf, werden im Trockenbusch sehr schütter (*Chamaebuxus* fehlt hier bereits), sind aber im Schwarzföhrenbereich wieder sehr gut vertreten.

Bemerkenswerterweise ist dies die einzige Gruppe von Trockenrasenarten, die noch in größerer Anzahl in der Aufnahme des Buschwaldes (24) auftritt!

In diese Gruppe sind auch im Gebiete der Reservation die Charakterarten des Seslerieto-Pinetum W a g n e r s einzustufen. Es gilt für diese das gleiche, was bereits über *Sesleria varia* gesagt wurde.

4. A r t e n   d e s   P o l y g a l e t o - B r a c h y p o d i e t u m   m i t   e n g e r   B i n d u n g   a n   d i e s e   G e s e l l s c h a f t   u n d   i n   d i e s e r   n u r   m e h r   i m   T r o c k e n r a s e n   s e l b s t : sie fehlen weitgehend dem Trockenbusch und besonders dem Schwarzföhrenbereich:

Plantago media
Camptothecium lutescens
Hieracium Pilosella
Scorzonera purpurea

Gentiana austriaca
Polygala amara
Chrysohypnum protensum
Prunella grandiflora

Es handelt sich hiebei teilweise noch um gute und scharf begrenzte Zeigerarten, die sichtlich tiefergründigen Boden bevorzugen und dann der mesophilen Gruppe der Brometalia-Charakterarten angehören; eine soziologische Wertigkeit nach W a g n e r und K n a p p läßt sich nur mehr vereinzelt angeben; teilweise treten sie nur spärlich auf und leiten über zur nächsten Gruppe der Differential- oder zufälligen Arten der einzelnen Aufnahmen. Erwähnt sei hier nur *Scorzonera purpurea*, die — etwa gleich *Adonis vernalis* — sichtlich geschützte Lagen bevorzugt.

5. V e r e i n z e l t e   D i f f e r e n t i a l a r t e n   d e r   e i n z e l n e n   P r o b e f l ä c h e n : es handelt sich wohl nur mehr um zufällig auftretende Arten ohne weiteren Zeigerwert, die bei der Besprechung der einzelnen Aufnahmen Erwähnung finden sollen.

Die Weiterentwicklung dieser Gesellschaft führt nicht zum Trockenbusch, sondern über ein Schwarzföhrenstadium, mit dem es floristisch stärker verbunden erscheint, zum Flaumeichenbusch, von dem bereits verschiedene

Pionierarten (besonders in Aufnahme 14) auftreten: *Peucedanum Cervaria, Asperula tinctoria, Buphthalmum salicifolium, Centaurea Triumfetti, Cynanchum Vincetoxicum.*

Die einzelnen Probeflächen.

11 — Eine schwache *Inula-hirta*-Fazies, deren Artenarmut sowohl auf die Faziesbildung zurückzuführen ist als auch auf die Initialstellung innerhalb des Polygaleto-Brachypodietum — soweit die fehlenden Arten die gleichen sind wie in der nachfolgenden Aufnahme 12. Gegenüber den Folgestadien der Federgrasflur (Aufnahme 9 und 10) erscheint die Probefläche einerseits abgeleiteter infolge des Fehlens der meisten Arten des Fumaneto-Stipetum, andererseits aber noch ursprünglicher angesichts des Zurücktretens von Arten des Polygaleto-Brachypodietum, die in diesen Folgestadien bereits auftreten. Innerhalb des Polygaleto-Brachypodietum stellt dieser Bestand, gegenüber der folgenden Aufnahme, unzweifelhaft ein Initialstadium gegen die Federgrasflur zu dar, mit dem es die gleiche Hanglage in geschützter Südostexposition verbindet. Beiden Aufnahmen gemeinsam ist *Adonis vernalis*, während *Stipa pulcherrima* noch ausklingt.

Diese Probefläche könnte aus der Tabelle weggelassen werden, da sie durch die folgende Aufnahme hinreichend ausgedrückt wird. Aus Gründen einer größeren Vergleichsmöglichkeit soll sie aber beibehalten bleiben.

Es fehlen von den durchgehenden Trockenrasenarten, die sonst noch weit in das Fumaneto-Stipetum reichen: *Teucrium montanum, Linum tenuifolium, Anthericum ramosum.* Von den Arten des Polygaleto-Brachypodietum fallen aus:

Sesleria varia   *Phyteuma orbiculare*
Thesium Linophyllon   *Linum flavum*
Scorzonera austriaca   *Chamaebuxus alpestris*
Leontodon incanus   *Camptothecium lutescens*
Centaurea Scabiosa   *Scorzonera purpurea*

Auffallend ist die Gemeinsamkeit in den fehlenden Arten zwischen dieser Aufnahme 11 und der Trockenbuschfläche 20 am Westhang des Gebietes:

Thesium Linophyllon   *Centaurea Scabiosa*
Scorzonera austriaca   *Phyteuma orbiculare*
Hypnum cupressiforme   Ferner *Linum flavum*

12 — Gleichfalls ein Initial des Polygaleto-Brachypodietum, in dem *Stipa pulcherrima* und *Adonis vernalis* auftreten und verschiedene Polygaleto-Brachypodietum-Arten noch fehlen.

13 — Von weniger ausgeprägter eigener Note, gegenüber dem nachfolgenden Gesellschaftstypus nur durch *Aster Linosyris*, im übrigen aber durch eine geringere Artenzahl unterschieden.

14 — Der Typus der Plateauvegetation des Polygaleto-Brachypodietum von entsprechender flächenmäßiger Größenerstreckung. Gegenüber dem Anfangsstadium der Gesellschaft fehlt lediglich *Adonis vernalis* (und die ausklingende *Stipa pulcherrima*).

Diese Probefläche ist durch verschiedene Arten ausgezeichnet, die den übrigen Trockenrasenaufnahmen fehlen und teilweise sichtbar durch die G r ö ß e d e r F l ä c h e bedingt sind: *Chrysohypnum protensum, Epipactis latifolia* (im Banngebiet sehr selten: zusätzlich noch 5 Exemplare am Westhang und 2 Exemplare am Südhang), *Scabiosa ochroleuca, Hippocrepis comosa, Cuscuta epithymum* (noch mehrfach gruppenweise am Westhang), *Lotus corniculatus* (auch in den Wiesen und Weiden der Molinieto-Arrhenatheretea, gem. K n a p p; im Gebiete vorwiegend in der subvar. *ciliatus* Koch), *Aster Amellus* (gleichmäßig auch in Flaumeichenwäldern, im Gebiet auch spärlich am Westhang, westl. Aufn. 13 und südl. Aufn. 18). Dagegen treten ausschließlich hier auf: *Hypochoeris maculata, Leontodon hispidus* (wie *Lotus corniculatus*, sowie in mesophilen Gesellschaften der Brometalia, gem. K n a p p).

Die Aufnahme ist ferner durch das reichlichere Auftreten von B u s c h w a l d p i o n i e r e n ausgezeichnet: *Buphthalmum salicifolium, Centaurea Triumfetti, Cynanchum Vincetoxicum, Asperula tinctoria.*

15 — Eine *Anthyllis Vulneraria*-Fazies des Polygaleto-Brachypodietum, die aber keinesfalls etwa ein „Anthyllidetum" darstellt, wie die floristische Zusammensetzung in überzeugender Weise beweist: außer den beiden Arten *Senecio Jacobaea* und *Briza media* treten keine neuen Arten auf! Lediglich *Abietinella abietina* überwiegt etwas infolge der stärkeren Beschattung. Dagegen werden verschiedene Arten, bedingt durch die Faziesbildung, unterdrückt und fehlen: die lichtliebenden Fumaneto-Stipetum-Arten und die Buschwaldpioniere. Es wäre interessant, im einzelnen festzustellen, wieweit sich die Deckungswerte der verschiedenen Arten nach dem Verblühen von *Anthyllis* noch verschieben!

Von den beiden genannten, schwachen Differentialarten ist *Briza media* eine Art der Wiesen und Weiden der Molinieto-Arrhenatheretea, die gleich *Leontodon hispidus* in mesophile Gesellschaften der Brometalia eindringt (K n a p p).

(Es war außerordentlich interessant, diese Probefläche im Jahre 1951 wiederzusehen: ohne das hochwüchsige Exemplar von *Senecio Jacobaea* und die eingeschlagenen Pflöcke wäre das Quadrat überhaupt nicht mehr aufzufinden gewesen! Die vordem faziesbildende *Anthyllis Vulneraria* war nahezu völlig verschwunden und konnte gerade noch mit einem Deckungswert von + bewertet werden! Es muß dahingestellt bleiben, ob es sich hiebei um eine Folge der außerordentlich feuchten Frühsommermonate dieses Jahres handelte, oder um eine Erscheinungsform im Zuge einer überstürzten Sukzessionsentwicklung in Richtung auf einen ausgeglicheneren Gleichgewichtszustand, oder aber ob dieser Erscheinung physiologische Ursachen zugrundeliegen. Eine befriedigende Erklärung für dieses Phänomen steht jedenfalls noch aus!)

Der Trockenbusch

(Polygaleto-Brachypodietum, Subass. v. *Rhamnus saxatilis*)

(Aufnahmen 16 bis 20.)

An vorwiegend felsigen Stellen, die bereits stärker überwachsen sind, stellt sich eine Reihe von licht- und trockenheitsliebenden Kleinsträuchern ein, die in hohem Maße an jene extrem heißen Standorte angepaßt erscheinen, die bereits die Felssteppe charakterisierten. Unzweifelhaft gehören diese niederen Trockensträucher als Arten der Felssteppe auf Grund ihrer Ökologie in den Bereich dieser Gesellschaft und man könnte sie als F e l s s t e p p e n s t r ä u c h e r bezeichnen. In besonderem Maße erscheint *Rhamnus saxatilis* als Prototyp dieser Gruppe und wurde als solcher auch zur Bezeichnung dieser Gesellschaftseinheit verwendet.

Die B e z i e h u n g z u r F e l s s t e p p e wird auch aus anderen Überlegungen heraus deutlich. So weist einerseits eine große Zahl von Arten des Fumaneto-Stipetum als genetische Differentialarten überzeugend auf die Ableitung des Trockenbusches von der Felssteppe hin:

Helianthemum canum	*Potentilla arenaria*
Globularia cordifolia	*Festuca stricta*
Tortella tortuosa	*Orthantha lutea*
Thymus praecox*)	*Ditrichum flexicaule*
Cladonia sp.	*Galium lucidum*
Arabis auriculata	*Thlaspi perfoliatum*
Aster Linosyris	*Stipa pulcherrima*
Teucrium Chamaedrys	*Fumana procumbens*

---

*) Die Bestimmung der *Thymus*-Belege verdanke ich der Freundlichkeit von Herrn Reg.-Rat Karl R o n n i g e r.

Andererseits lassen die Aufnahmen 2 und besonders 3 ein starkes Auftreten von Arten des Trockenbusches erkennen, die in den übrigen Einheiten durchaus fehlen (in der Federgrasflur, im typischen Polygaleto-Brachypodietum, im Schwarzföhrenbereich) und die im Zuge der Weiterentwicklung im Initial der Flaumeichen-Folgegesellschaft (Aufnahme 23) auftreten.

Umgekehrt stellen sich in Aufnahme 3 der Felssteppe im Schutze der Trockensträucher bereits Elemente des Flaumeichenbuschwaldes ein *(Asperula tinctoria, Polygonatum officinale, Dictamnus albus).*

Die Ableitung von der Flechten-Felssteppe im besonderen scheint auch durch verschiedene Arten des Polygaleto-Brachypodietum bestätigt, die im Trockenbusch auftreten, der echten Felssteppe und der Federgrasflur jedoch fehlen *(Helianthemum ovatum, Centaurea Scabiosa, Euphorbia Cyparissias, Hypnum cupressiforme, Abietinella abietina, Rhytidium rugosum).* Die der Flechten-Felssteppe eigenen Differentialarten fehlen allerdings dem späteren Trockenbusch. Eine Ableitung von der Federgrasflur kommt jedenfalls auf keinen Fall in Frage!

Auch die Vegetationsschichtung läßt eine klare Beziehung zum Fumaneto-Stipetum und besonders zur Flechten-Felsflur erkennen (vgl. S. 48). Die Vegetationsdeckung liegt bei 80—90% und schließt damit ebenfalls an die Flechten-Felsflur an.

Trotz dieser ersichtlichen und ausgeprägten Bindung zum Fumaneto-Stipetum ist jedoch die floristische und soziologische Zugehörigkeit zum P o l y -
g a l e t o - B r a c h y p o d i e t u m unverkennbar, die Verbindung mit der Felssteppe mehr genetischer Natur. Es handelt sich um eine Subassoziation des Polygaleto-Brachypodietum, die in erster Linie durch die Trockenrasenarten selbst *(Amelanchier ovalis, Rhamnus saxatilis)* in Verbindung mit zahlreichen krautigen Pionierarten des Flaumeichen-Buschwaldes ausgezeichnet ist. Als genetische Differentialarten sind die oben aufgezählten Fumaneto-Stipetum-Arten dieser Subassoziation zu eigen. Von den übrigen Arten zeigt *Anthericum ramosum* eine gewisse Bevorzugung des Trockenbusches, während *Bromus erectus* etwas zurücktritt und einzelne Arten, wie etwa *Seseli Hippomarathrum, Avenastrum pubescens* und *Chamaebuxus alpestris* nahezu überhaupt fehlen.

Die W e i t e r e n t w i c k l u n g des Trockenbusches führt unzweifelhaft zum F l a u m e i c h e n - B u s c h w a l d; die unmittelbare Beziehung zur Aufnahme 23 ist unverkennbar. So bedeutet der Trockenbusch als ein Zwischenstadium eine zweite Möglichkeit der Vegetationsentwicklung von der Felssteppe zum Buschwald neben der bereits besprochenen Möglichkeit über die Federgrasflur, das typische Polygaleto-Brachypodietum und das Schwarzföhrenstadium, welch letzterem die Trockenbuscharten fehlen!

Innerhalb der T r o c k e n b u s c h a r t e n nimmt *Rosa spinosissima* insoferne eine abweichende Stellung ein, als sie mit höherer Deckung bereits in der Aufnahme 3 der Flechten-Felssteppe auftritt, späterhin jedoch fehlt und dergestalt eine Art Initialstadium des Trockenbusches andeutet. *Rhamnus saxatilis* ist dagegen für den typischen Trockenbusch in Wuchs und Standort besonders bezeichnend, während *Amelanchier ovalis* ohne Zweifel eine größere ökologische und soziologische Amplitude aufweist. Unter seinem Schutz entwickeln sich besonders *Polygonatum officinale* und *Bupleurum falcatum* als vermutliche Buschwald-Randpflanzen. Es sei hier die Frage aufgeworfen, ob es nicht auch bezeichnende Trockenbusch - K r ä u t e r geben sollte, wobei in erster Linie an *Polygonatum officinale* gedacht werden müßte, das für steinige, buschige Stellen recht bezeichnend erscheint, sowie vielleicht auch an den Diptam, *Dictamnus albus*, u. a. A.

Zu den Trockenbuscharten sind wohl auch die im Gebiet fehlenden Arten *Rosa gallica* und *Amygdalus nana* zu zählen, vor allem aber *Cerasus fruticosa* (=*Prunus fruticosa*). Diese Art wurde beispielsweise am Südhange des Braunsberges bei Hainburg mit hoher Deckung (4.4) in einem ausgesprochenen Folgestadium des Fumaneto-Stipetum beobachtet.

Besonderer Aufmerksamkeit ist das V e r h ä l t n i s der Trockenbuschsträucher zum F l a u m e i c h e n - B u s c h w a l d wert. Wenn der Trockenbusch auch ein Zwischenstadium darstellt, das zum Eichenbuschwald überleitet, ist damit noch nicht gesagt, daß die einzelnen Trockenbuschsträucher auch als Pionierarten des Eichenbuschwaldes anzusprechen wären. Der Eichenbuschwald ist auch in kleinsten Beständen bereits ein W a l d — wie später noch auszuführen sein wird: der Trockenbusch ist dagegen k e i n Wald! Und wenn K n a p p davon schreibt, daß diese Arten „die schützende Baumschicht entbehren müssen", so bleibt die Frage offen, welche Rolle diese Arten im Walde selbst spielen sollten!

K n a p p stuft von den Trockenbuscharten *Rosa spinosissima* und *Cerasus fruticosa* als Charakterarten des Dictamno-Sorbetum (Flaumeichen-Buschwald) ein, *Rhamnus saxatilis* als Ordnungscharakterart der Quercetalia pubescentis-sessiliflorae (*Amelanchier ovalis* auf Grund seines gesellschaftsweiten Auftretens lediglich als Begleiter).

Es kann jedoch keinem Zweifel unterliegen, daß keine dieser Arten jemals i n n e r h a l b eines Waldes wachsen würden: gerade in dem lichten und lockeren Flaumeichen-Buschwald werden immer wieder lichte, offene Stellen zwischen dem geschlossenen W a l d - Bestand auftreten, werden steinige Rücken und Grate eingestreut verlaufen, an denen diese Trockenbuscharten im Komplex mit dem eigentlichen Flaumeichen-Busch w a l d auftreten — wie dies bereits für *Bupleurum falcatum* und *Inula hirta* ausgeführt wurde (S. 27).

Darüber hinaus wachsen *Rosa spinosissima*, *Cerasus fruticosa* und wohl auch *Amygdalus nana* vielfach in einem dichten, niederen Gestrüpp, das dem eigentlichen Buschwald v o r g e l a g e r t ist und in keinem unmittelbaren Zusammenhang mit diesem steht. Es scheint also auch hier eine Art „Randfaktor" wirksam zu werden, der näherer Einzeluntersuchungen durchaus wert wäre!

Die V e r s c h i e d e n h e i t d e r S t r ä u c h e r des Trockenbusches von denen des Eichenbuschwaldes geht auch aus der Unterschiedlichkeit in den Vegetationshöhen mit aller Deutlichkeit hervor (vgl. auch das Schema auf S. 47): die Sträucher des Trockenbusches entwickeln sich in einer Höhe von 25—40 cm, während die Phanerophyten-Elemente des Buschwaldes erst in einer Höhe von 75 cm einsetzen und im Gebiete gegenwärtig bis 120 cm reichen!

Die Trockenbuscharten treten demnach a u c h im Flaumeichen-Buschwald auf, beweisen aber im übrigen durchaus die soziologische Selbständigkeit des Trockenbusches in seiner Zwischenstellung zwischen der Felssteppe, aus der er hervorgeht, und dem Eichenbuschwald, zu dem er hinführt.

Der jeweilige Anteil einzelner Arten und Artengruppen zwischen Trockenbusch, Schwarzföhrenstadium und Eichenbuschwald geht aus der Übersicht auf S. 38 hervor.

Bezüglich der Organisationshöhe sind Trockenbusch wie Schwarzföhrenstadium klar vor den Eichenbuschwald zu reihen. Dagegen ist das Verhältnis zwischen Trockenbusch und Schwarzföhrenstadium selbst schwierig zu beurteilen, da es sich weitgehend um eine Parallelentwicklung handelt, die im ersteren Falle von der Flechten-Felssteppe, im zweiten Falle vom Polygaleto-Brachypodietum zum Buschwald führt.

Der Trockenbusch erscheint hinsichtlich der Arten des Fumaneto-Stipetum primitiver als das Schwarzföhrenstadium und gleichfalls hinsichtlich der Arten des Polygaleto-Brachypodietum. Dagegen ist der Trockenbusch hinsichtlich der Eichenbuschwald-Pioniere und seiner eigenen Trockensträucher weitaus höher entwickelt als der Schwarzföhrenbestand (vgl. S. 38).

Die einzelnen Probeflächen.

16 — Eine kräuterreiche, niederwüchsige Strauchvegetation in einer tiefergründigen Mulde, die von den nachfolgenden Aufnahmen stärker abweicht: die Fumaneto-Stipetum-Arten sind spärlich vertreten, dafür *Bromus erectus* in höherem Maße, was auf eine engere Beziehung zum Polygaleto-Brachypodietum hindeutet. Doch dürfte es sich eher um einen engeren Kontakt oder um eine Mischung mit dieser Gesellschaft als um eine Sukzession vom Polygaleto-Brachypodietum her handeln; eine derartige gleichzeitige Sukzession von der Felssteppe und vom Polygaleto-Brachypodietum ist doch zu unwahrscheinlich! Es fehlen auch verschiedene Arten des Polygaleto-Brachypodietum dieser Aufnahme, andere Arten wieder fehlen hier und gleichzeitig in den Aufnahmen 11 und 12 des Initial-Polygaleto-Brachypodietum.

17 — Eine stärker verwachsene Felssteppe auf skelettarmen Boden, der die Arten des Trockenbusches und des Eichenbuschwaldes fehlen!

18 — Eine offene Felssteppe auf grusreichem, stark verwachsenem Boden ohne Trockenbuschelemente, aber mit vermehrtem Auftreten von Eichenbuschwald-Pionieren.

19 — Trockenbuschärmere Ausbildung auf verwachsenerem Boden.

20 — Angrenzende, trockenbuschreiche Ausbildung auf felsigem Boden: trotz des stark felsig-steinigen Bodens ist der Trockenbusch reicher ausgebildet als in der vorhergehenden Aufnahme — eine gute Bestätigung der Eigenart des Trockenbusches und seiner engen Beziehung zur Felssteppe!

Das Schwarzföhrenstadium des Trockenrasens

(Polygaleto-Brachypodietum, Subass. von *Pinus nigra*)

(Aufnahmen 21 und 22.)

Die Schwarzföhre im Gebiete der Reservation.

Unmittelbar neben dem Eingang am westlichen Rand der Reservation steht eine alte Schwarzföhre von etwa 5 m Höhe und einem Umfange von 23 cm in Brusthöhe. Sie scheint an dieser Stelle sichtlich spontan aufgekommen zu sein.

Im Laufe der Jahre konnte im Naturschutzgebiet das Aufkeimen junger Schwarzföhren beobachtet werden, das von Rosenkranz laufend verfolgt wurde. So wurden von ihm im Jahre 1943 bereits mehr als 24 junge Föhren innerhalb der Einzäunung gezählt, die im wesentlichen von der alten Föhre abstammen dürften. Nach einer teilweisen Entfernung der jungen Pflanzen erfolgten im Zuge der Nachkriegswirren des Jahres 1945 weitere Schädigungen durch Verbiß und Beweidung, die zu einer Verminderung der

Zahl auf 11 Föhren im Jahre 1947 führten. Aber schon zwei Jahre später, 1949, konnten 27 Jungföhren gezählt werden — ein sehr deutlicher Fingerzeig hinsichtlich der Weiterentwicklung der Vegetation, die sich hier unter unseren Augen abspielt (vgl. S. 34). Interessanterweise beschränkt sich das Auftreten der Jungföhren ausschließlich auf die westlichen, südlichen und südöstlichen Hänge, während das zentrale Plateau ausgenommen bleibt.

Das Schwarzföhrenstadium des Trockenrasens.

Der physiognomische Eindruck der Vegetation im Bereiche der Schwarzföhre läßt gerade im Gebiete der Reservation eine scharfe Abgrenzung erkennen, die den Eindruck erweckt, als ob die Schwarzföhre imstande wäre, sich ihren Unterwuchs und damit ihre Gesellschaft selbst zu erzwingen. Und dennoch lehrt eine genauere Untersuchung der floristischen Struktur, daß auch hier lediglich das fazielle Überwiegen von *Sesleria varia* den Charakter dieses Schwarzföhrenbereiches bestimmt, ohne daß zusätzliche Differentialarten eine eigene Gesellschaftsausbildung kennzeichnen würden.

Es handelt sich vielmehr um ein durch *Sesleria varia* im Gefolge der Schwarzföhre faziell verändertes Polygaleto-Brachypodietum, dessen floristische Struktur untenstehend erörtert werden soll.

Die Beziehungen zum Fumaneto-Stipetum sind sehr schwach, das Vorkommen einiger Arten dieser Assoziation kontaktbedingt. Die Mißerfolge von Schwarzföhren-Aufforstungsversuchen im Fumaneto-Stipetum am Frauenstein bei Mödling (Wagner 1941) und auf dem Hundsheimer Berg — Fehlinvestitionen, die ein Blick auf die soziologische Struktur der Schwarzföhrenbestände hätte vermeiden lassen! — unterstreichen gleichfalls die näheren Beziehungen des Schwarzföhrenstadiums zum Polygaleto-Brachypodietum als zum Fumaneto-Stipetum!

Die soziologische Stellung der Schwarzföhrenbestände des Alpenostrandes kann selbstverständlich nicht im Rahmen der vorliegenden Arbeit geklärt werden; sie bleibt eigenen, bereits laufenden Untersuchungen vorbehalten. Zur Frage des Seslerieto-Pinetum Wagners sei hier nur bemerkt, daß es sich hiebei wahrscheinlich nicht um eine eigene Assoziation, sondern vermutlich, wie im vorliegenden Falle, um ein Polygaleto-Brachypodietum mit einer Schwarzföhren-Oberschicht handelt. Die Charakterarten dieses Seslerieto-Pinetum sind nach Wagner selbst zum großen Teil alpiner Herkunft, zum anderen Teil vermutlich zum Quercion pubescentis-sessiliflorae zu stellen. Angesichts dieser Unsicherheit schreibt Wagner (1941, S. 66): „Die Gesellschaft ist eben etwas durchaus eigenes und steht gerade zwischen den beiden genannten Verbänden" (nämlich dem Festucion valesiacae und dem Quercion pubescentis-sessiliflorae).

Das Verhalten der Charakterarten Wagners im Gebiete der Perchtoldsdorfer Reservation unterstreicht die Verbundenheit mit dem Polygaleto-Brachypodietum: sie treten durchaus auch im baumlosen, echten Trockenrasen auf und hier sichtlich nicht als Pioniere einer Gesellschaftsentwicklung zum Schwarzföhrenwald, wie bereits obenstehend ausgeführt wurde (S. 27).

Es kommt jedenfalls keine eigene Assoziation eines Pinetum zustande — wenigstens nicht auf diesen sekundären Standorten wie auf der Perchtoldsdorfer Heide!

Die **Vegetationsentwicklung** führt bei Unterdrückung des Trockenrasens vom Polygaleto-Brachypodietum unzweifelhaft zum Eichenbuschwald, wie schon W a g n e r klar erkannte. Eine Pflanzung von Schwarzföhren in den Trockenrasen des Polygaleto-Brachypodietum (nicht des Fumaneto-Stipetum!) **b e s c h l e u n i g t** sogar die Entwicklung zum Buschwald (W a g n e r)! Im Gebiete fehlen zwar die Sträucher mit Ausnahme von *Cotoneaster integerrima*, doch lassen verschiedene krautige Pionierarten des Eichenbuschwaldes die Entwicklungsrichtung klar erkennen. Bemerkenswert ist hiebei jedoch, daß der vorliegende Schwarzföhrenbestand eigentlich keine Buschwaldpioniere aufweist, die nicht auch im Trockenbusch auftreten würden. Dabei fehlen die Trockenbuscharten selbst im Bereiche der Schwarzföhre!

Im einzelnen ergibt die **V e g e t a t i o n s e n t w i c k l u n g** in diesem menschlich mehrfach beeinflußten Gebiet seltsam komplizierte Zusammenhänge:

1. Der **T r o c k e n r a s e n** (das Polygaleto-Brachypodietum) ist **m e n s c h l i c h** bedingt.

2. Die **S c h w a r z f ö h r e n p f l a n z u n g e n** des Gaisbergzuges sind ebenfalls **m e n s c h l i c h** bedingt.

3. Der **A n f l u g   d e r   S c h w a r z f ö h r e n s a m e n** (aus den anthropogenen Schwarzföhrenpflanzungen) und deren Aufkeimen (im ebenfalls menschlich geschaffenen Trockenrasen) ist **s p o n t a n**. — Es entwickelt sich also im Schwarzföhrenstadium des Polygaleto-Brachypodietum eine spontane Gesellschaft in einer durchaus menschlich bedingten Sekundärgesellschaft, von menschlichen, sekundären Anpflanzungen her. In einem derartigen Falle könnte man von **s u b s p o n t a n e n   G e s e l l s c h a f t e n** sprechen.

Die **w e i t e r e   V e g e t a t i o n s e n t w i c k l u n g** erfolgt bei ungestörtem Verlauf auf natürlichem Wege in die bodenständige Ausgangs- und Klimaxgesellschaft des Flaumeichen-Buschwaldes.

Die **f l o r i s t i s c h e   S t r u k t u r** läßt im einzelnen ein Ausklingen von Arten des Polygaleto-Brachypodietum erkennen, das noch weiter geht als im Trockenbusch. Auffallend ist besonders das Fehlen verschiedener Arten von sonst durchgehendem Auftreten in Trockenrasen *(Anthyllis Vulneraria, Pulsatilla grandis, Linum tenuifolium, Seseli Hippomarathrum, Avenastrum pubescens).*

Das mengenmäßige Zurücktreten von *Sesleria varia* in der Aufnahme 22 gegenüber 21 ist wohl weniger durch die Schwarzföhre bedingt, als durch ruderale Störungen innerhalb dieser, nahe dem Eingange gelegenen Probefläche.

Einige zusätzliche **D i f f e r e n t i a l a r t e n**, die innerhalb des Banngebietes vorwiegend nur hier auftreten, sind von allgemeinerer soziologischer Wertigkeit. Ihr Vorkommen ist hier kaum zufällig, sondern ebenfalls auf den bereits erwähnten ruderalen Einschlag zurückzuführen. Der Aufnahme 21 allein zu eigen ist *Salvia pratensis* (auch noch unweit Aufnahme 4!) und *Taraxacum laevigatum*, der Aufnahme 22 jedoch *Poa pratensis, Alyssum calycinum, Lepidium campestre, Hieracium umbellatum;* auch *Melica ciliata* findet sich auffallenderweise nur in dieser Aufnahmefläche!

Die Probeflächen.

21 — Eine Blaugrasflur östlich anschließend an die Schwarzföhre, deren abfallende Nadeln durch die vorherrschenden Westwinde aufgeschüttet werden und dem Boden eine beachtliche Nadelstreu auflagern. Gegenüber der nachfolgenden Aufnahme treten die Pionierarten des Eichenbuschwaldes zurück.

22 — Der unmittelbare Schwarzföhrenbereich im Umkreis um den einzelstehenden Baum. Der Boden ist in beiden Fällen tiefgründig, mit teilweise anstehendem Fels, hier aber noch mit eingestreutem Grus und Geröll durchsetzt.

Gegenüber der vorhergehenden Aufnahme ist ein größerer Artenreichtum festzustellen (48 Arten gegenüber 34 Arten in Aufnahme 21), der durch zahlreiche Trockenrasenarten und einen gewissen ruderalen Einschlag bewirkt wird. Die Elemente des Fumaneto-Stipetum, besonders Ephemeriden, sind hier sichtlich untypisch und stellen Einstrahlungen vom benachbarten Felsriegel (Aufnahme 3) dar. Verschiedene Horstgräser *(Bromus erectus, Carex humilis)* nehmen mengenmäßig beachtlich zu, während *Sesleria varia* abnimmt. Anscheinend handelt es sich um eine Durchdringung, bei der im oberen Teil der Aufnahmefläche *Sesleria varia* und *Carex humilis* im Anschlusse an die Aufnahme 21, im unteren Teil — gegen den Zaun zu — jedoch *Bromus erectus* überwiegt.

Der Flaumeichen-Buschwald

(Geranieto-Quercetum pubescentis)

(Aufnahmen 23 und 24.)

Nur an wenigen Stellen greift heute noch der nördlich angrenzende Buschwald in das Gebiet der Reservation über, wie besonders an deren Nordwestecke. Es sind dies durchwegs ebene, muldige Stellen tiefgründigen Bodens, der hiedurch bereits feinerdereicher und feuchter ist als an den übrigen Standorten des Trockenrasens.

Wo sich an solchen Standorten der Buschwald entwickelt, bildet er selbst bei geringer Ausdehnung eine wohl abgegrenzte und in sich geschlossene Vegetationseinheit, die sich auch in ihrer floristischen Zusammensetzung ausdrückt. Dieses Buschwerk bildet auch bei geringerer räumlicher Entfaltung — in beiden Fällen lediglich 1,20 m hoch und 2, bzw. 3 m im Durchmesser messend — in seinem Inneren ein ausgeprägtes Waldbiotop mit Laubstreu, geringer Bodenbedeckung und Lichtarmut: ein W a l d bereits in kleinsten Ausmaßen!

Es handelt sich bei den hier vertretenen Sträuchern *(Cotoneaster integerrima, Corylus Avellana, Ligustrum vulgare, Evonymus verrucosa, Prunus spinosa, Cornus sanguinea, Viburnum Lantana, Crataegus monogyna)* um Arten, die für die Assoziation des Buschwaldes von hohem Bauwert sind. In ihrem Gefolge stellt sich eine Reihe von krautigen Buschwaldarten ein, während die Trockenrasenarten das Innere des Buschwerkes vollständig meiden. So kommt in der scharfen Abgrenzung des Buschwaldes gegenüber dem Trockenrasenbereich bereits in diesen kleinen Beständen die grundlegende Verschiedenheit der beiden Gesellschaftseinheiten zum Ausdruck, die im soziologischen System verschiedenen Ordnungen, ja verschiedenen Klassen angehören. Es zeigt dies aber auch die grundsätzliche Verschiedenheit des Buschwaldes — der eben ein W a l d ist — gegenüber dem Trockenbusch des Polygaleto-Brachypodietum, der in keiner Weise dem Lebensraum eines Waldes entspricht, sondern zu den echten Trockenrasen zu zählen ist (vgl. auch S. 31).

Wo jedoch in den beiden A u f n a h m e n noch Trockenrasenarten auftreten (besonders in Aufnahme 23), handelt es sich um ein typisches Beispiel einer Mischaufnahme: die Trockenrasenarten umgeben das Buschwerk vom anschließenden Trockenrasen her an dessen äußerem Rande, ohne in das Innere einzudringen. Die Mischung in den Aufnahmen kommt dadurch zustande, daß der vorliegende Flaumeichen-Buschwald zu klein ist, um rein aufgenommen werden zu können. In dem niederen Gebüsch der Aufnahme 23 ist die Mischung noch deutlicher ausgeprägt, das höhere Buschwerk in Aufnahme 24 gestattet bereits eine schärfere Abgrenzung der beiden Lebensräume in der soziologischen Aufnahme.

Diese Verzahnung zweier Biotope und damit zweier Vegetationseinheiten, an diesem kleinen Beispiel exakt nachgewiesen, ließe es wünschenswert erscheinen, verschiedene Fragen näher zu verfolgen: das Problem des R a n d -
f a k t o r s („edge effect") und der G r e n z e z w i s c h e n G e h ö l z g e s e l l -
s c h a f t e n u n d R a s e n g e s e l l s c h a f t e n überhaupt mit ihrem vielfach eigenen Vegetationscharakter; ferner die D u r c h d r i n g u n g v o n
T r o c k e n r a s e n u n d B u s c h w a l d in den verschiedenen Aufnahmen des Geranieto-Quercetum, bzw. des Dictamno-Sorbetum; schließlich das Problem der „S t e p p e n h e i d e", die nach moderner soziologischer Fassung gleichfalls einen Gesellschaftskomplex aus Trockenrasen und Buschwald darstellt (vgl. auch S. 31 und 32!).

Das Lebensformenspektrum spiegelt den neuartigen Vegetationscharakter deutlich wieder: die Anteile der Phanerophyten und auch der Geophyten steigen jäh an und zeigen die Vegetationsentwicklung in Richtung auf den Laubwald an; die Hemikryptophyten sind nur mehr in geringer Zahl — vor allem noch in Aufnahme 23 — vertreten, die Chamäphyten treten ganz zurück und die Kryptogamen fehlen vollständig.

In der floristischen Struktur der Gesellschaft unterstreicht das vollständige Fehlen der F u m a n e t o - S t i p e t u m - A r t e n die Verschiedenheit des Flaumeichen-Buschwaldes vom Trockenbusch, in dem diese Arten als genetische Differentialarten noch von größerer Bedeutung sind.

Von den T r o c k e n r a s e n a r t e n überhaupt reicht lediglich eine Gruppe stärker bis in die Aufnahme 24; es sind dies Arten des P o l y g a l e t o - B r a c h y p o d i e t u m mit engerer Bindung an diese Gesellschaft und starkem Zurücktreten bis Fehlen im Fumaneto-Stipetum (*Helianthemum ovatum, Euphorbia Cyparissias, Galium austriacum, Chamaebuxus alpestris,* auch *Inula hirta*). Sonst treten in diesen Aufnahmen nur mehr *Teucrium Chamaedrys* und *Bromus erectus* auf.

In weitaus stärkerem Maße greifen dagegen A r t e n d e s B u s c h w a l d e s i n d e n T r o c k e n r a s e n hinaus und leiten dort unzweifelhaft die Sukzession zum Flaumeichen-Buschwald ein. In besonderem Ausmaße sind sie im Trockenbusch vertreten, aber auch im Schwarzföhrenstadium. Es sind dies überwiegend Charakterarten des Flaumeichen-Buschwaldes, wie *Polygonatum officinale, Dictamnus albus, Cynanchum Vincetoxicum* als Arten des Geranieto-Quercetum, bzw. *Asperula tinctoria* und *Cotoneaster integerrima* als Charakterarten des Dictamno-Sorbetum. (An weiteren Arten sind zu nennen: *Peucedanum Cervaria, Buphthalmum salicifolium, Centaurea Triumfetti, Viola hirta, Clematis recta, Chrysanthemum corymbosum.*)

Es sind unter diesen Pionierarten des Buschwaldes, die in den Trockenrasen übergreifen, tatsächlich mehr Charakterarten des Flaumeichenwaldes enthalten als unter den Arten, welche mit scharfer Abgrenzung auf die beiden Aufnahmen 23 und 24 beschränkt sind. Die Erklärung hiefür dürfte darin liegen, daß die Gesellschaft des Geranieto-Quercetum den äußersten Vorposten des Laubwaldes gegen den Trockenrasen darstellt, daß also auch dessen Charakterarten infolge einer verwandten Ökologie mit den Trockenrasenarten diesen unter Umständen enger verbunden sind, jedenfalls aber die Fähigkeit besitzen, stärker in den Trockenrasen hinein vorzustoßen, als die übrigen Arten des Laubwaldes mit höherer soziologischer Rangstufe und damit weiterer Verbreitung in den mesophileren Wäldern. Diese allgemeineren Laubwaldarten gewinnen hingegen in den Aufnahmen des Buschwaldes selbst (23 und 24) das Übergewicht.

Die übrigen Buschwaldarten sind streng auf den Bereich der beiden Aufnahmen b e -
s c h r ä n k t und dringen nirgends in den Trockenrasen ein. Es sind dies die meisten Sträucher und überwiegend Arten höherer soziologischer Wertigkeit, also Ordnungs- oder Klassencharakterarten.

I n b e i d e n B u s c h w a l d a u f n a h m e n t r e t e n a u f :

Corylus Avellana   *Hierochloë australis*
Ligustrum vulgare   *Prunus spinosa*
Evonymus verrucosa   *Mercuralis ovata*
Stachys recta

Hievon ist *Stachys recta* eine Art der Brometalia, die auch noch in der Südwestecke des Gebietes vorkommt.

Lediglich in der Aufnahme 23 treten nur *Rhamnus cathartica* und *Carex Michelii* auf; diese letztere Art wäre nach Wagner feste Charakterart des Polygaleto-Brachypodietum, die von ihm nur in dieser Gesellschaft beobachtet wurde. Dafür würde auch das Auftreten in Aufnahme 23, nicht mehr in 24, sprechen. Knapp betrachtet sie hingegen als Charakterart des Euphorbio-Quercetum, also einer Waldgesellschaft. Bei der relativen Unauffälligkeit der Pflanze wäre ein Übersehen leicht gegeben, die soziologische Einstufung der Art vielleicht noch nicht als endgültig zu betrachten.

Schließlich sind etliche Arten vorwiegend höherer soziologischer Rangstufen auf die Aufnahme 24 beschränkt: *Cornus sanguinea, Viburnum Lantana, Rosa canina, Geranium sanguineum, Calamintha Clinopodium, Crataegus monogyna*. Das Vorkommen von *Coronilla varia* ist wohl nur als zufällig zu werten, während *Silene Cucubalus* (*S. vulgaris*) und *Sedum rupestre* bereits außerhalb der Aufnahmefläche liegen. *Brachypodium pinnatum* schließlich gilt bei Wagner als feste Charakterart des Polygaleto-Brachypodietum mit geringerer, aber deutlicher Bindung an diese Gesellschaft, jedoch auch in Flaumeichengebüschen vorkommend. Auch gemäß Knapp findet die Pflanze ihr Optimum in den Brometalia (in der mesophilen Gruppe), dringt aber auch zahlreich in die Gesellschaften der Quercetalia pubescentis-sessiliflorae ein und bestätigt so die soziologische Stellung dieser Art.

Zusammenfassend läßt sich hinsichtlich der Wertigkeit der Arten in der Sukzession vom Trockenrasen zum Flaumeichen-Buschwald eine ausgeprägte Staffelung erkennen, die nachstehend auf Grund der Verhältnisse des Banngebietes wiedergegeben seien:

a) Arten des Trockenbusches:

Rosa spinosissima
Amelanchier ovalis
Rhamnus saxatilis

b) Pionierarten des Flaumeichenwaldes im Trockenrasen:

Peucedanum Cervaria
Asperula tinctoria
Polygonatum officinale
Dictamnus albus
Cynanchum Vincetoxicum
Buphthalmum salicifolium

Centaurea Triumfetti
Viola hirta
Clematis recta
Cotoneaster integerrima
Chrysanthemum corymbosum

c) Ausschließlich im Flaumeichenbusch (Aufnahmen 23 und 24):

Corylus Avellana
Ligustrum vulgare
Evonymus verrucosa

Hierochloë australis
Prunus spinosa
Mercurialis ovata

d) Ausschließlich in der Aufnahme 24 (echter Buschwald):

Cornus sanguinea
Viburnum Lantana
Rosa canina
Geranium sanguineum
Calamintha Clinopodium

Crataegus monogyna
sowie
Corylus Avellana und
Evonymus verrucosa mit
wesentlich höherer Deckung

Die Probeflächen.

23 — Pionier-Buschwald mit starker Durchdringung durch Elemente des Trockenrasens. (Allgemeine Exposition: West, lokal OSO-geneigt.)

24 — Niederer Buschwald mit ausgeprägter Laubstreu in seinem Inneren.

Die Anteile der Artengruppen.

Eine Übersicht über die Anteile der Artengruppen in den einzelnen Gesellschaftseinheiten sei nachstehend in Anlehnung an die Assoziationstabelle, schematisch zusammengefaßt, wiedergegeben.

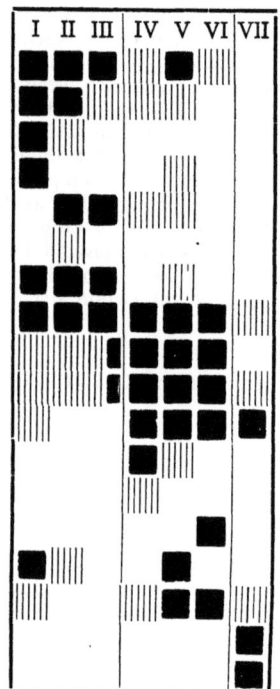

Fumaneto-Stipetum (I—III):
    Subass. v. *Poa badensis* + typicum (I + II)
    Subass. v. *Poa badensis* (I)
    Einzelne
    Subass. typicum (II + III)
    Einzelne
    Ephemeriden
Durchgehende Trockenrasenarten (I—VI):
Polygaleto-Brachypodietum (IV—VI): 1.
                                                     2.
                                                   3.
                                                   4.
    Einzelne
    Subass. v. *Pinus nigra* (VI)
    Subass. v. *Rhamnus saxatilis* (V)
Geranieto-Quercetum (VII): b.
                                  c.
                                  d.

Die ökologische Struktur der Pflanzengesellschaften.

Die Artenliste.

Eine Aufzählung der einzelnen Arten des Untersuchungsgebietes erübrigt sich an dieser Stelle, da sie zwanglos aus der Tabelle hervorgeht. Es sind dies insgesamt 148 Arten, davon 130 Blütenpflanzen, 13 Moose und 5 Flechten.

Von den Arten, die durch die Vegetationstabelle nicht erfaßt wurden, sind noch folgende 7 Arten zu nennen: *Allium flavum, Carlina vulgaris, Cirsium* sp., *Euphrasia* sp., *Iris pumila, Melica ciliata, Muscari racemosum, Orobanche vulgaris.*

Die Liste der Kryptogamen darf keinen Anspruch auf Vollständigkeit erheben und vernachlässigt vor allem die verschiedenen Felsmoose und Felsflechten, die außerhalb der Aufnahmeflächen liegen.

Artenzahl und Aufnahmegröße.

Über die Artenzahlen in den einzelnen Aufnahmen und die dazugehörigen Aufnahmegrößen gibt die nachstehende Übersicht Aufschluß:

Aufnahme-nummer	1	2	3	4	5	6	7	8	9	10	11	12	13	14	15
Aufnahmegröße	1.26	1.46	5.80	2.97	1.81	3.12	2.37	3.26	2.49	1.67	2.16	3.55	3.72	21.54	1.86
Durchschnittl. Aufnahmegröße	2.83			2.63			2.45				6.57				
Durchschnittl. Artenzahl	39			32			41				44				
Artenzahl	36	38	44	40	24	23	25	23	43	34	34	42	44	60	40

Aufnahme-nummer	16	17	18	19	20	21	22	23	24	Gesamt-werte
Aufnahmegröße	2.48	2.69	1.69	1.11	1.41	1.57	5.38	1.46	1.82	78.67 m²
Durchschnittl. Aufnahmegröße	1.88					3.47		1.64		3.24 m²
Durchschnittl. Artenzahl	39					41				
Artenzahl	37	36	42	48	33	34	48	39	29	

Es geht daraus hervor, daß die reinen Artenzahlen von geringerem Wert für die Differenzierung der Gesellschaften sind: sie lassen ein Ansteigen vom Fumaneto-Stipetum zum Polygaleto-Brachypodietum und ein darauffolgendes Absinken im Geranieto-Quercetum erkennen. Im einzelnen aber geben sie recht brauchbare Hinweise auf die Struktur der Aufnahmen selbst.

So entsprechen die abnehmenden Artenzahlen innerhalb der Ausbildungen des Fumaneto-Stipetum durchaus dem Abfallen der Differentialartengruppen, wie es aus der Tabelle ersichtlich ist und das erst in den beiden letzten Aufnahmen der Federgrasflur durch das Hinzutreten der abbauenden Arten des Polygaleto-Brachypodietum wieder wettgemacht wird. Dabei ist der Artenreichtum in Aufnahme 3 durch die zusätzlichen Arten des Trockenbusches bedingt, während der Aufnahme 4 etliche spezifische Arten ausschließlich zu eigen sind.

Die auffallende Artenzunahme in Aufnahme 14 innerhalb des Polygaleto-Brachypodietum hängt unzweifelhaft mit der wesentlich vergrößerten Aufnahmefläche zusammen, ist aber sicher auch durch die optimale Ausbildung der Gesellschaft auf der ebenen Plateaufläche verursacht. Der Artenreichtum in den Aufnahmen 18 und 19 des Trockenbusches ist durch die zahlreichen abbauenden Buschwaldarten bedingt; in der folgenden Aufnahme 20 sind diese ebenfalls vorhanden, aber durch das Zurücktreten der Felssteppenarten in der Artenziffer überdeckt.

Die hohe Zahl der Arten im Bereiche der Schwarzföhre, die Aufnahme 22 wiedergibt, findet ihre Erklärung nicht nur in der vergrößerten Aufnahmefläche und dem verstärkten Auftreten der Buschwaldpioniere gegenüber der vorausgehenden Aufnahme, sondern ist vor allem durch die Störung der Vegetationsdecke unmittelbar neben dem Eingang bedingt, was eine konglomeratartige Verbindung verschiedener Elemente zur Folge hat (vgl. S. 35 oben).

Innerhalb des Eichenmischwaldes schließlich wirken sich die in Aufnahme 23 noch zahlreich vorhandenen Trockenrasenarten aus, während die verhältnismäßig geringe Zahl von Arten in der Aufnahme 24 entweder auf eine an sich kleinere Artenzahl des Geranieto-Quercetum zurückgeht oder aber dessen Initialstadium zu eigen ist.

Ein Vergleich mit den Ziffern bei Wagner 1941 läßt erkennen, daß sowohl Artenzahlen wie Aufnahmegrößen dort weit über den Werten der vorliegenden Untersuchung liegen. Die Ursachen hiefür können in der Wahl der Aufnahmeflächen liegen oder aber durch die geographische Lage des Gebietes bedingt sein.

Am naheliegendsten wäre die Annahme, daß die geringen Artenzahlen der vorliegenden Aufnahmen durch die Kleinheit der Aufnahmeflächen zu erklären sind, daß also die Aufnahmen unterhalb des Minimiareals lägen, das von Wagner für das Fumaneto-Stipetum mit 25 m² angegeben wird. Wäre dies der Fall, dann müßten jedoch außerhalb der Aufnahmeflächen noch wesentlich mehr Arten im Bereiche des Untersuchungsgebietes anzutreffen sein, die durch die Aufnahmen nicht erfaßt wurden. Es sind dies tatsächlich jedoch nur insgesamt 7 Arten! Aber auch die größerflächige Aufnahme Wagners von der Perchtoldsdorfer Heide (Tabelle 1, Aufn. 1) weist zwar weitere Arten auf, doch befindet sich unter diesen keine einzige zusätzliche Charakterart! Darüber hinaus wird im Untersuchungsgebiet eine Minimalfläche von 25 m² in dieser Assoziation nicht immer erreicht, während etwa die Aufnahme 4 mit einer Größe von lediglich 3 m² bereits einen Vegetationskomplex darstellt!

Es kann sich also im vorliegenden Falle keineswegs um fragmentarische Aufnahmen des Fumaneto-Stipetum handeln — höchstens um eine fragmentarische Ausbildung der ganzen Assoziation auf der Perchtoldsdorfer Heide überhaupt, der jedoch andere Ursachen zugrunde liegen müssen.

Schließlich wären derartige kleinräumige Untersuchungen aber bereits als solche aufschlußreich infolge der bedeutsamen Aufspaltung von Artengruppen innerhalb der Gesellschaft. Sie sind außerdem exakter als allzu großflächige Aufnahmen, weil sie die Homogenität der Vegetation gewährleisten, während bei größeren Flächenerstreckungen leichter komplexe Vegetationseinheiten erfaßt werden!

Anders scheint der Fall beim Polygaleto-Brachypodietum gelagert zu sein. Von dieser Gesellschaft bringt Wagner (Tab. 3, Aufn. 4, ferner 3 und 5) wesentlich artenreichere Aufnahmen von der Perchtoldsdorfer Heide, die auch etliche zusätzliche Charakterarten enthalten, wie *Scorzonera hispanica, Asperula glauca, Cirsium pannonicum, Prunella laciniata, Ophrys aranifera,* ferner *Onobrychis arenaria* und *Polygala major*. Aber diese Charakterarten fehlen nicht nur den vorliegenden Aufnahmen, sondern sind im Banngebiet überhaupt nicht und auf der übrigen Perchtoldsdorfer Heide teilweise nur sehr sporadisch vertreten (Rosenkranz). Es handelt sich also auch in diesem Falle nicht um fragmentarische Probeflächen, sondern höchstens um eine fragmentarische Entwicklung der Gesellschaft, die ihre Ursache gleichfalls in der geographischen Lage oder aber in der menschlichen und tierischen Beweidung hat. (Diese Frage kann durch die Verfolgung der Vegetationsentwicklung und dem Auftreten neuer Arten zweifelsohne entschieden werden!)

Trotz alledem sind aber die geringen Aufnahmegrößen in diesem Falle nicht ganz zu übersehen, denn die Vermehrung der Artenzahl in Aufnahme 14 geht nur wenig auf Arten zufälligen Charakters zurück oder auf Arten, die nur dieser Probefläche zu eigen wären: es handelt sich vielmehr um Arten, die auch in den übrigen Probeflächen der gleichen Gesellschaft auftreten, hier aber angesichts der größeren Fläche in einer Aufnahme erfaßt werden (vgl. S. 28).

Schließlich verlangt das artenreiche Polygaleto-Brachypodietum — das in ebenen Lagen über größere Flächen hin homogen ausgebildet ist — auf Grund seines Artenreichtums von sich aus eine größere Aufnahmefläche, während die Vielgestaltigkeit der Standorte des Fumaneto-Stipetum auf kleinem Raume wesentlich durch die unterschiedliche Hangneigung bedingt ist und damit von Haus aus die Aufnahmefläche einschränkt.

Unzweifelhaft liegt aber die tiefere Ursache der relativen Artenarmut des Gebietes in dessen Lage im geographischen Streubereich der Assoziation begründet: das Optimum des Fumaneto-Stipetum am Alpenostrand liegt nach Wagner (1941, S. 25) im Gebiet um Pfaffstätten und ist noch bis zur Mödlinger Klause gut entwickelt, klingt aber dann zusehends aus. Von den guten Charakterarten im Zentrum dieser Assoziation fehlen auf der Perchtoldsdorfer Heide: *Campanula sibirica, Onosma Visianii, Convolvulus Cantabrica, Jurinea mollis, Seseli osseum.* Im Streubereich der Gesellschaft treten die Assoziationscharakterarten zurück und es verbleiben die Charakterarten höherer Ordnung, worauf bereits Wagner hinweist (1941, S. 28). Auch in der Gesellschaft des Polygaleto-Brachypodietum dürfte das Fehlen einer Anzahl von Charakterarten durch geographische Ursachen bedingt sein; dies gilt namentlich für *Rapistrum perenne, Linum hirsutum, Phlomis tuberosa* und *Libanotis montana*.

Die Lebensformen.

Die Anteile der Lebensformen in den einzelnen Gesellschaften wurden nach den **ökologischen Gruppenwerten** (Tüxen-Ellenberg 1937) unter Berücksichtigung von Gruppenanteil und Gruppenstetigkeit errechnet:

$$D = \frac{\Sigma g^2 \cdot 100}{\Sigma \tau \cdot z.n.}.$$

Auf die Gruppenmenge konnte verzichtet werden, da die Unterschiede zwischen den an sich geringen Deckungswerten (von + bis 1 und 2) zu unbedeutend sind, um wesentliche Differenzierungen zwischen den einzelnen Gesellschaften zu ergeben. Darüber hinaus gilt, was bei Tüxen und Ellenberg (S. 174) gesagt wurde, daß nämlich das mengenmäßige Vorkommen einer Art weitgehend von den Eigenschaften der einzelnen Arten selbst abhängig erscheint.

Dagegen müßte eine Berechnung des **systematischen Gruppenwertes** — soweit diese Differenzierungen nicht schon aus der Tabelle hinlänglich hervorgehen — auch die Gruppenmenge umfassen. Bei subtilen Untersuchungen, vor allem im Hinblick auf die Gesellschaftsabfolge (Sukzession), dürfte auf die Gruppenmenge nicht verzichtet werden, deren Berücksichtigung dann unerläßlich wäre.

Die nachstehenden Gruppenwerte der einzelnen Lebensformen geben ein gutes Bild von dem Charakter der einzelnen Gesellschaften; eine Aufgliederung innerhalb der einzelnen Lebensformenklassen würde die Annäherung an das physiognomische Bild noch unterstreichen.

Es darf jedoch auch hier nicht übersehen werden, daß durch die verhältnismäßig geringe Zahl von Aufnahmen, vor allem in den letzten Gesellschaftseinheiten, Fehlerquellen gegeben sind, die von einer Verallgemeinerung absehen lassen. Darüber hinaus ist in der letzten Gesellschaft des Gebietes, dem Geranieto-Quercetum, noch eine starke Einstrahlung vom Trockenrasen her gegeben. Trotz allem ist aber eine weitgehende Übereinstimmung mit den größerräumig gefaßten Lebensformenspektren Wagners 1941 unverkennbar!

Die ökologischen Gruppenwerte der Lebensformen in den einzelnen Gesellschaften.

(Siehe Tabelle Seite 43)

Die untersuchten Gesellschaften sind wesentlich durch den Anteil der **Hemikryptophyten** bestimmt, die hier vorwiegend Schaftpflanzen umfassen und im Polygaleto-Brachypodietum ein eindeutiges Optimum erreichen. Lediglich in den ersten Gesellschaftseinheiten überwiegen die **Chamäphyten** — wesentlich Kriechstauden — deutlich gegenüber dem Hemikryptophyten-Anteil. Die Chamäphyten sind im übrigen ziemlich gleichmäßig vertreten und verschwinden erst im Buschwald.

Die **Therophyten** besitzen ein entschiedenes Optimum in der Felssteppe, gehen aber dann rasch zurück und fehlen schließlich vollständig. Ohne wesentliche Bedeutung in den untersuchten Gesellschaftseinheiten sind die **Geophyten**, die erst im Buschwald mit etlichen Rhizomstauden etwas stärker vertreten sind. Auch die **Phanerophyten** kommen erst im Schwarzföhrenstadium und vor allem im Buschwald durch den hohen Anteil an Sträuchern zur Geltung, wo sie zusammen mit den Geophyten die künftige Sukzessionrichtung anzeigen.

Tabelle der Lebensformen (zu Seite 42).

	FUMANETO-STIPETUM Subass. von			POLYGALETO-BRACHYPODIETUM Subass. von			GERA-NIETO-QUER-CETUM
	Poa badensis	typicum	typ., Fz. v. Stipa	typicum	Rh. saxatilis	Pinus nigra	
Hemikrypto-phyten	$25^{.12}$	$25^{.96}$	$30^{.58}$	$80^{.80}$	$56^{.12}$	$44^{.90}$	$34^{.78}$
Chamäphyten	$26^{.38}$	$27^{.57}$	$19^{.91}$	$21^{.42}$	$17^{.27}$	$26^{.52}$	$9^{.49}$
Therophyten	$12^{.46}$	$9^{.62}$	$5^{.49}$	$0^{.09}$	$0^{.92}$	$1^{.83}$	
Geophyten	$1^{.51}$	$0^{.69}$	$2^{.04}$	$1^{.12}$	$3^{.41}$	$4^{.39}$	$5^{.99}$
Phanerophyten	$1^{.27}$	$0^{.51}$	$0^{.23}$	$0^{.09}$	$0^{.82}$	$1^{.83}$	$16^{.93}$

Kryptogamenanteile:

Hemikrypto-phyta lichenosa	$3^{.53}$	$4^{.21}$	$2^{.84}$	$0^{.09}$	$0^{.92}$		
Chamaephyta pulvinata	$5^{.72}$	$6^{.96}$	$3^{.64}$	$0^{.37}$	$1^{.84}$	$2^{.74}$	
Bryochamae-phyta reptantia	$3^{.39}$	$1^{.03}$	$0^{.45}$	$4^{.13}$	$2^{.47}$	$1^{.22}$	

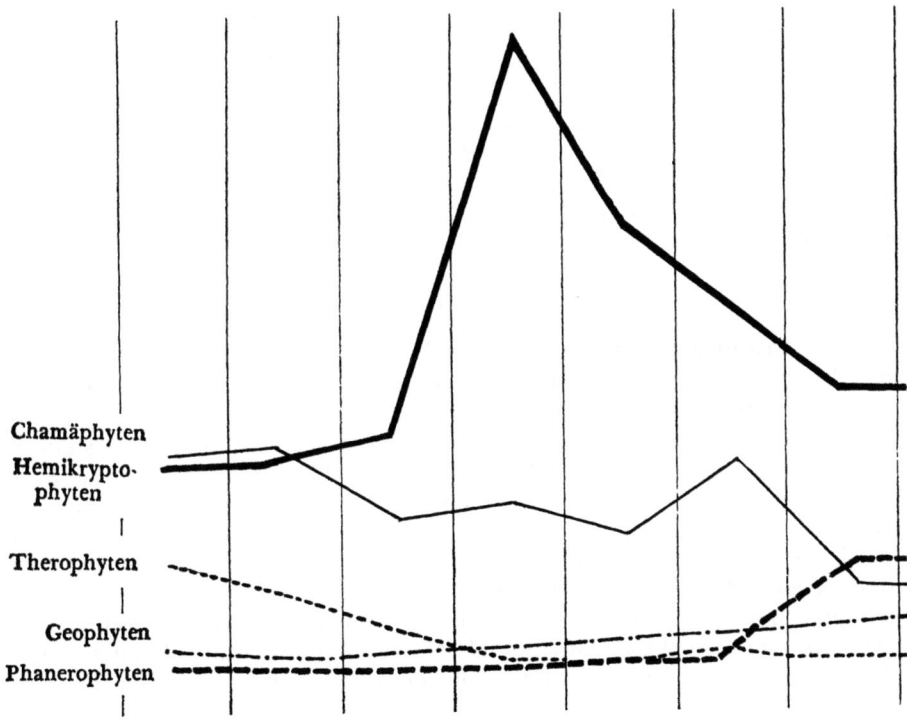

Innerhalb der Kryptogamen zeichnen P o l s t e r m o o s e die Felssteppe —
vor allem in deren ersten beiden Ausbildungen — aus, während die D e c k e n -
m o o s e bereits in der Flechten-Felssteppe, vor allem aber im Polygaleto-
Brachypodietum vertreten sind. Die F l e c h t e n finden ihr Optimum in der
Felssteppe, fallen aber dann rasch ab und fehlen im Schwarzföhrenstadium und
im Buschwald vollständig.

Die Bedeutung der Exposition.

Die gegebenen Verschiedenheiten des Reliefs ermöglichen die Ausgliederung einzelner größerer, ökologischer Lebensräume, denen eine sinngemäß verschiedene Vegetation zu eigen ist. Innerhalb solcher expositionsbedingter Gesellschaften sind dann noch einzelne Arten auszuscheiden, die für bestimmte Hanglagen besonders bezeichnend erscheinen.

Es dürfen jedoch gerade bei diesen Fragen keinesfalls die Schwierigkeiten übersehen werden, die dadurch gegeben sind, daß der Standort als biologischer Lebensraum durch einen ganzen Komplex ökologischer Faktoren bestimmt wird! Dabei treten die durch eine unterschiedliche Exposition variablen Faktoren von Wärme, Licht, Luftfeuchtigkeit, Schneebedeckung usw. — kurz die klimatischen Faktoren — in Wechselwirkung mit den Bodenfaktoren, von denen im vorliegenden Falle besonders die Gründigkeit des Standortes von Bedeutung ist.

Auf die Relieflage allein kann eine Unterschiedlichkeit in der Vegetationsbedeckung mit gewisser Wahrscheinlichkeit dann zurückgeführt werden, wenn die übrigen Faktoren gleichbleiben und nur die Exposition wechselt. So wirkt sich beispielsweise die Exposition bei gleichbleibender Flachgründigkeit des Bodens derart aus, daß innerhalb des Gebietes in Südlagen das Fumaneto-Stipetum typicum auftritt, in Westlagen jedoch der Trockenbusch (das Polygaleto-Brachypodietum in der Subass. v. *Rhamnus saxatilis*).

Am klarsten erweist sich die Einwirkung der Exposition dort, wo innerhalb einer Gesellschaft bei verschiedener Hanglage expositionsbedingte Varianten innerhalb der g l e i c h e n Gesellschaft zu unterscheiden sind — was jedoch im Untersuchungsgebiet nicht der Fall ist.

Jedenfalls darf die Bedeutung der Exposition in ihrer Auswirkung auf die Verschiedenheit der Pflanzendecke keineswegs überschätzt werden! Eine derartige Wertung wird stets nur mit großer Vorsicht angestellt werden dürfen und mehr eine B e v o r z u g u n g bestimmter Hanglagen, weniger ein ausschließliches Bezogensein ausdrücken! So sind auch die nachstehenden Anmerkungen mehr als Hinweise gedacht, die noch genauester Überprüfung bedürfen und Gegenstand eingehender Spezialuntersuchungen sein müßten. Die im Gange befindlichen ökologischen Untersuchungen von T. J i r a n e k dürften wertvolle Hinweise zu dieser Frage ergeben; darüber hinaus wäre eine großmaßstäbige Kartierung des Schutzgebietes für präzisere derartige Untersuchungen unerläßlich.

Die ökologischen Lebensräume des Gebietes.

Auf Grund der einmal gegebenen Hanglagen innerhalb des Gebietes lassen sich drei größere expositionsbedingte Biotope unterscheiden: die Südlagen, die Südostlagen und die westlichen Hanglagen.

Die S ü d l a g e n sind ausgezeichnet durch heiße, sonnige und steile Stellen auf steinig-felsigem, flachgründigem Boden. — Bezeichnend für diese Standorte ist die T y p i s c h e F e l s s t e p p e und die F e d e r g r a s f l u r. Gerade diese letztere stellt sich auch im übrigen Gebiet überall dort ein, wo oft kleinste Erhebungen lokale Südlagen und damit die Voraussetzung für das Gedeihen dieser Gesellschaft schaffen. Dagegen ist die F l e c h t e n - F e l s s t e p p e deutlich im Bereiche der westlichen Einstrahlungen gelegen, womit auch die Gehölzpioniere in dieser Gesellschaftsentwicklung zusammenhängen dürften. — Von den e i n z e l n e n A r t e n solcher ausgeprägter Südlagen ist besonders

Stipa pulcherrima zu nennen, dann *Stipa capillata, Saxifraga tridactylites* und vielleicht auch *Fumana procumbens* — was bereits aus der Tabelle zu ersehen ist. Die anderen Arten des Fumaneto-Stipetum scheinen aber durchwegs expositionsunabhängige Zeiger flachgründiger Standorte zu sein!

In S ü d o s t - E x p o s i t i o n liegen schwächer geneigte und tiefergründige, warme, aber nicht heiße Mulden, die in geschützter Lage dem Einwirken der Westwinde entzogen sind. — Hier und auf den ähnlich gearteten Plateauflächen ist das P o l y g a l e t o - B r a c h y p o d i e t u m in seiner typischen Gesellschaftsausbildung optimal entwickelt. Eine spezifische Expositionsgebundenheit einzelner Arten erscheint hier nicht ganz einfach zu trennen von der Gesellschaftsbindung der Arten an das Polygaleto-Brachypodietum. — Dennoch ist etwa *Adonis vernalis* als eine ausgesprochene S ü d o s t a r t zu bezeichnen, die bereits im Polygaleto-Brachypodietum der ebenen Plateaufläche ausklingt und schließlich fehlt, während sie an den Westhängen nur mehr vereinzelt an lokal ostgeneigten Böschungen und Rippen auftritt — ähnlich wie *Stipa pulcherrima* an lokalen Südhängen — im übrigen aber am Westhange selbst vollständig fehlt! Ähnlich wurde auch *Ophrys fuciflora* (erstmalig im Jahre 1951!) ausschließlich in Südostlage beobachtet; *Chamaebuxus alpestris* besiedelt in ganzen Gruppen den auslaufenden Rasen gegen die Südostecke zu und auch *Inula hirta* findet hier ihre Hauptentfaltung. Schließlich scheinen auch *Iris pumila, Orchis ustulata* und *Scorzonera purpurea* diese Hanglagen zumindest zu bevorzugen.

Die regen- und luftfeuchtigkeitsreichen W e s t h ä n g e weichen von diesen Bereichen stärker ab. Durch ihren höheren Feuchtigkeitskoëffizienten wie durch ihre Verbindung zum nahegelegenen Walde begünstigen sie das Aufkommen von Gehölzen, wie auch innerhalb des Gebietes die Sukzession der Trockenrasen gegen den Wald vom Westhange her ansetzt. Dies gilt für die Optimalentfaltung des T r o c k e n b u s c h e s in Westlagen ebenso wie für die Pioniere des F l a u m e i c h e n w a l d e s. — Von einzelnen Arten, die eine Bevorzugung des Westhanges erkennen lassen, sind Waldpioniere zu nennen wie *Dictamnus albus, Epipactis latifolia, Daphne Cneorum, Centaurea Triumfetti, Cynanchum Vincetoxicum,* vielleicht auch *Buphthalmum salicifolium* und *Aster Amellus,* vor allem aber nahezu sämtliche übrigen Elemente des G e r a n i e t o - Q u e r c e t u m, wie sie aus der Tabelle hervorgehen und auch außerhalb der Aufnahmen auf den Westhängen immer wieder anzutreffen sind. — Das F e h l e n einer Anzahl von Arten in Westlagen könnte teilweise durch die Gesellschaftsbindung dieser Arten bedingt sein, ohne für eine bestimmte Exposition besonders charakteristisch sein zu müssen. Es wären dies: *Scorzonera purpurea, Scabiosa canescens, Gentiana austriaca, Cytisus ratisbonensis, Hieracium Pilosella, Hippocrepis comosa, Plantago media,* vielleicht auch *Polygala amara* und *Seseli annuum.*

Eine gewisse abweichende Stellung nehmen die Anflüge der S c h w a r z - f ö h r e ein: sie treten gleichmäßig in West-, Süd- und Südostexposition an tiefergründigen Standorten auf und sind in ihrem Vorkommen sichtlich durch die vorherrschenden Anflugsrichtungen der Samen bedingt.

Schließlich fehlen ausgesprochene O s t - und N o r d e x p o s i t i o n e n innerhalb des Untersuchungsgebietes, deren Eigenarten damit aus der vorliegenden Untersuchung herausgenommen werden müssen.

Die Vegetationsschichtung.

Der Versuch einer etwas schematisierten Zusammenfassung der Hauptvegetationshöhen innerhalb des untersuchten Gebietes ergab etwa folgendes Bild:

Die Hauptvegetationsschicht:	Die Vegetationsschichten:	Die Durchschnittshöhen:	Beispiele bezeichnender Arten:
Die Strauchschicht:	Das Buschwerk	75—120 cm	*Corylus Avellana* u. a.
Die Blühschicht der hohen Horstgräser (K_1):	Blühschicht von *Bromus erectus*	60—70 cm	*Bromus erectus*
	Oberste Krautschicht	40—60 cm	Zugleich Blühschicht von *Stipa pulcherrima* (in 40—50 cm)
Die Hauptentfaltung der Krautschicht (K_2):	Obere Krautschicht	30—40 cm	*Phyteuma orbiculare, Asperula tinctoria, Centaurea Scabiosa, Anthericum ramosum.* Zugleich Blühschicht von *Sesleria varia*
	Trockenbusch	25—40 cm	*Rosa spinosissima, Amelanchier ovalis*
Die Teppichsträucher und die vegetative Horstgrasschicht (K_3):	Mittlere Krautschicht	15—20 (—25) cm	*Inula hirta, I. ensifolia*
	Untere Krautschicht	8—15 cm	*Festuca stricta, Helianthemum ovatum, Pulsatilla grandis*
	Unterste Krautschicht, vorwiegend Teppichsträucher	3—10 cm	*Helianthemum canum, Globularia cordifolia, Fumana procumbens, Potentilla arenaria, Poa badensis, Thymus praecox.*

In graphischer Darstellung ergibt sich nachstehende schematische Übersicht:

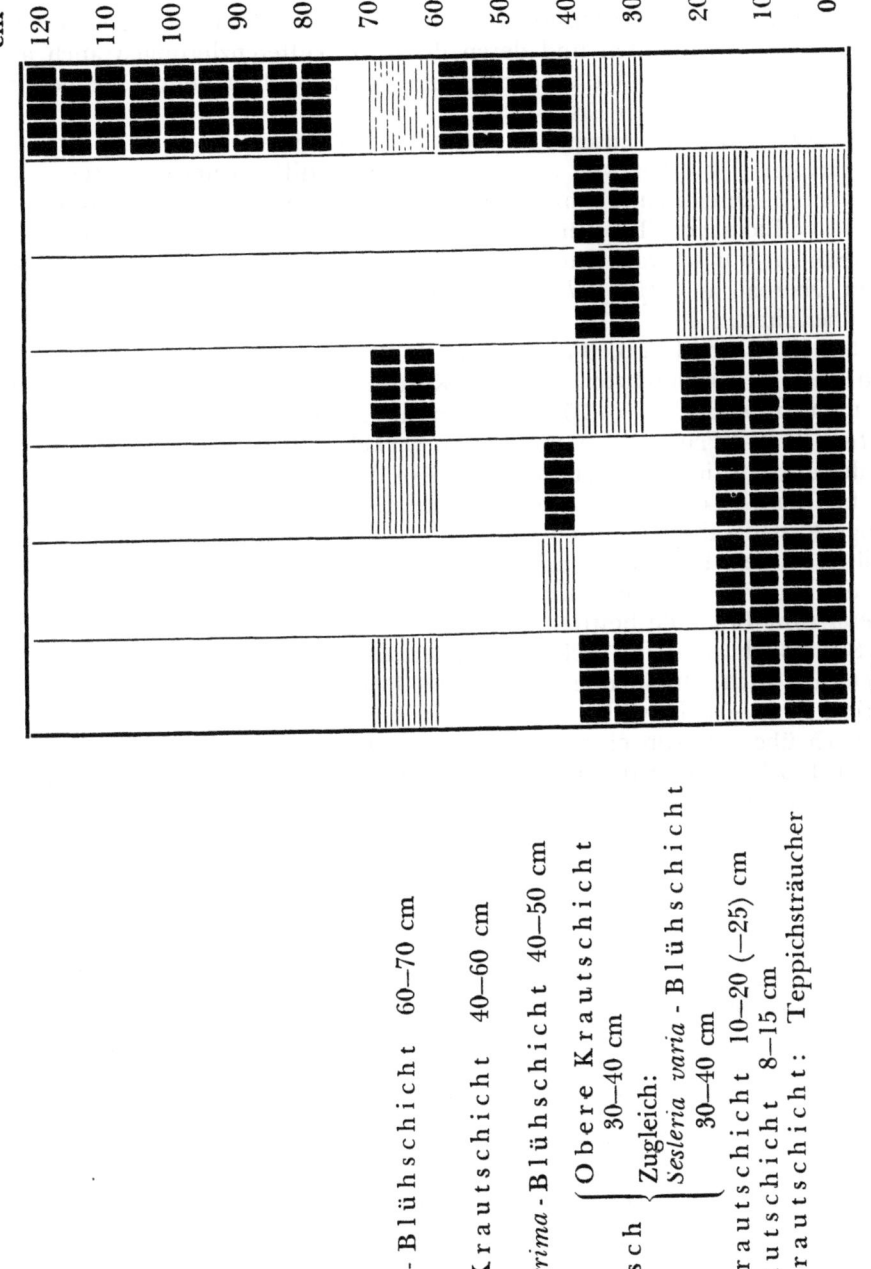

Buschwerk
75–120 cm

Bromus erectus - Blühschicht   60–70 cm

Oberste Krautschicht   40–60 cm
Zugleich:
Stipa pulcherrima - Blühschicht 40–50 cm

Obere Krautschicht
30–40 cm
Zugleich:
Sesleria varia - Blühschicht
30–40 cm

Trockenbusch
25–40 cm

Mittlere Krautschicht 10–20 (–25) cm
Untere Krautschicht 8–15 cm
Unterste Krautschicht: Teppichsträucher
3–10 cm

Diese „Hauptvegetationshöhen" lassen nun die Eigenarten der verschiedenen Gesellschaftseinheiten und deren deutliche Differenzierungen auch an der Vegetationsschichtung klar erkennen und unterstreichen derart die bereits gewonnenen soziologischen Ergebnisse.

So ist in den Gesellschaftseinheiten des Fumaneto-Stipetum ein gleichmäßiger Unterbau von untereinander wohl differenzierten unteren Krautschichten (3—20 cm) zu erkennen; in der Flechten-Felssteppe entwickelt sich ein deutlicher Block von Trockenbuschelementen (25—40 cm) — wobei die Mittlere Krautschicht nur schwach entwickelt ist — während die Typische Felssteppe mit ihrem Oberbau an *Stipa pulcherrima* (40—50 cm) bereits zur echten Federgrasflur überleitet.

Im Polygaleto-Brachypodietum verschwimmen die bisher noch deutlich abgegrenzten unteren Krautschichten (3—20 cm), die Mittlere Krautschicht wächst bis zu 25 und 30 cm an. Auch die Blühschicht von *Bromus erectus* in 60—70 cm ist hier optimal entwickelt und unterstreicht das Wachsen der durchschnittlichen Vegetationshöhen in dieser Gesellschaft.

Im Trockenbusch verschleifen die unteren Krautschichten bis auf wenige Reste, während die oberen Krautschichten immer üppiger werden und zu ihrer vollen Entfaltung am Buschwerk überleiten. Im Pinus nigra-Stadium wird die obere Krautschicht durch das Überwiegen der blühenden *Sesleria varia*-Bestände bestimmt.

Schließlich verändert sich mit der letzten Gruppe des Buschwerks die Vegetation auch physiognomisch entscheidend. Während die Untere und die Mittlere Krautschicht völlig fehlen, reicht die Obere Krautschicht bis zu 60 cm, nur noch überragt von einer ausklingenden *Bromus-erectus*-Schicht des angrenzenden Trockenrasens; in 75 cm Höhe setzt dann das eigentliche Buschwerk an, das gegenwärtig bis 120 cm reicht.

Die Vegetationsrhythmik.

In außerordentlich eindrucksvollem Wechsel ziehen physiognomisch auffallende Blühwellen über die Heide, deren jahreszeitlicher Ablauf von

Fumaneto-Stipetum
Subass. v. *Poa badensis*

Flechten-Felssteppe

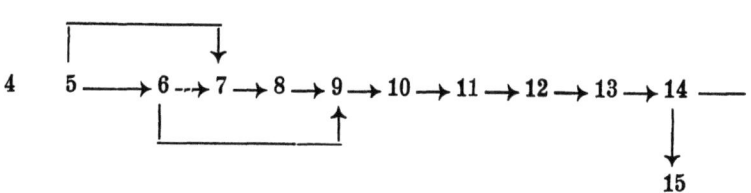

Fumaneto-Stipetum typicum	Fumaneto-Stipetum typicum	Polygaleto-Brachypodietum
Echte Felssteppe	Fazies v. *Stipa pulcherrima* Federgrasflur	Eigentlicher Trockenrasen

Rosenkranz eingehend untersucht wurde. Es verbliebe jedoch als eine lohnende Aufgabe, die Verteilung der Vegetationsaspekte auf die einzelnen Gesellschaftstypen zu verfolgen.

In dieser Arbeit wurde der jahreszeitliche Wechsel der Vegetation nur insoferne berücksichtigt, als von den gleichen Probeflächen mehrfach Aufnahmen während des ganzen Jahres erstellt wurden, die dann für die tabellarische Auswertung zur Deckung gebracht wurden. Es bedeutet dies, daß die einzelnen Aufnahmen auf die jahreszeitliche Maximalsättigung bezogen wurden und derart die Arten selbst in ihren maximalen Aspektwerten eingesetzt wurden.

Seltsamerweise ergaben sich hiedurch keinerlei sichtliche Veränderungen in den einmal gewonnenen Mengenverhältnissen, also keine wesentlichen Deckungsunterschiede zwischen den Blühaspekten und den übrigen Perioden der Vegetationsentwicklung. Wohl aber konnte auf diese Weise die floristische Vollständigkeit der Aufnahmen hinsichtlich der saisonbedingten Arten mit wesentlich verkürzter Vegetationszeit erreicht werden, wie dies vor allem für die Frühlingsephemeriden am Beginne der Vegetationsentfaltung und die Herbstannuellen (wie *Gentiana austriaca*) an derem Ausklange gilt. Diese Art der „Aufnahmesättigung" in „Jahressammeltabellen" wurde erstmalig von Elfrune Zelinka in ihrer Untersuchung der Donau-Auen bei Wallsee angewendet und nunmehr in dieser Arbeit fortgesetzt.

Die Sukzessionsbeziehungen.

Eine Zusammenfassung der Sukzessionsbeziehungen, wie sie im soziologischen Abschnitt im einzelnen besprochen wurden, ergibt ein Schema, das eigentlich ein Beziehungsschema darstellt: es zeigt die Möglichkeiten an, in welchen Richtungen eine Sukzession verlaufen kann: erst bei deren tatsächlichem Eintreten wird es zu einem Sukzessionsschema!

Polygaleto-
Brachypodietum

Subass. v. *Rhamnus saxatilis*

Trockenbusch

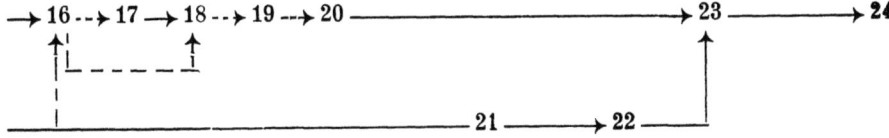

Polygaleto-
Brachypodietum
Subass. v. *Pinus nigra*
Schwarzföhrenstadium

Geranieto-
Quercetum
Flaumeichen-
Buschwald

Schrifttum.

(Bis 1953 evident gehalten.)

Aichinger Erwin: 1936 — Der forstlich-vegetationskundliche Aufbau des vorderen Wiener Waldes. — (Mskr.)
— 1951 — Soziationen, Assoziationen und Waldentwicklungstypen. — (Angewandte Pflanzensoziologie, 1, 21—68.)
Braun-Blanquet Josias: 1951 — Pflanzensoziologie. — 2. Aufl. (Wien, Springer-Verlag.)
Gáyer Julius: 1930 — Die Meidung des Wettkampfes. — (Magyar Botanikai Lapok, 276—283.)
Gilli Alexander: 1937 — Die Perchtoldsdorfer Heide als Banngebiet? — (Blätter für Naturkunde und Naturschutz, 24, 6, 82—84.)
Knapp Rüdiger: 1942 — Zur Systematik der Wälder, Zwergstrauchheiden und Trockenrasen des eurosibirischen Vegetationskreises. — (Arb. a. d. Zentralstelle f. Vegetationskart. d. Reiches, Beilage z. 12. Rundbrief der Zentralstelle.)
— 1944 a — Die eurosibirischen Kalk- und Silikat-Trockenrasen (Brometalia). Eine Beschreibung einer höheren Einheit im System der Pflanzengesellschaften. — (Halle/Saale.)
— 1944 b — Die Trockenrasen und Felsfluren der Hainburger Berge. — (Halle/Saale.)
— 1944 c — Über steppenartige Trockenrasen im Marchfeld und am Neusiedler See. — (Halle/Saale.)
— 1944 d — Vegetationsaufnahmen von Wäldern der Alpenostrandgebiete. Teil 2: Wärmeliebende Eichenmischwälder (Quercetalia pubescentis-sessiliflorae). — (Halle/Saale.)
— 1951 — Wald und Steppe im östlichen Niederösterreich. — (Biol. Zentralbl., 70, 1/2, 85—91.)
Lüdi Werner: 1932 — Die Methoden der Sukzessionsforschung in der Pflanzensoziologie. — (Handb. d. Biol. Arb.-Meth., Abt. XI, T. 5, H. 3.)
Rosenkranz Friedrich: 1937 — Die Perchtoldsdorfer Heide. — (Blätter f. Naturkunde u. Naturschutz, 24, 2, 22—25.)
— 1947 — Die Naturschutzgebiete von Perchtoldsdorf. — (Natur und Land, 33, 58—59.)
— 1949 — Das Naturschutzgebiet auf der Perchtoldsdorfer Heide. — (Natur und Land, 36, 1, 6—9.)
— 1951 u. 1953 — Die jahreszeitliche Entwicklung der Heideflora (I., II., III.) — (Natur und Land, 37, 6, 96—97; 39, 1/2, 16—17; 39, 3/4, 39.)
— 1953 — Vom Naturschutzgebiet „Perchtoldsdorfer Heide". — (Natur und Land, 39, 5/6, 64—65.)
Tüxen Reinhold: 1938 — Von der nordwestdeutschen Heide. — (Natur und Volk, 68, 253—263.)
— und Ellenberg Heinz: 1937 — Der systematische und der ökologische Gruppenwert. — (Mitt. d. florist.-soziol. Arbeitsgem. in Niedersachsen, 3, 171—184.)
— und Preising E.: 1942 — Grundbegriffe und Methoden zum Studium der Wasser- und Sumpfpflanzengesellschaften. — (Deutsche Wasserwirtschaft, 37, 1, 10—17 und 2, 57—69.)
Uhlmann J.: 1938 — Die Pflanzengesellschaften auf dem Westabhang des Bisamberges und ihre Abhängigkeit von der Bodengestalt. — (Unveröff. Diss. phil. Fak. Univ. Wien.)
Wagner Heinrich: 1941 — Die Trockenrasengesellschaften am Alpenostrand. — (Akad. Wiss. in Wien, math.-naturwiss. Kl., Denkschr., 104.)
Wendelberger Gustav: 1951 — Das vegetationskundliche System Erwin Aichingers und seine Stellung im pflanzensoziologischen Lehrgebäude Braun-Blanquets. — (Angewandte Pflanzensoziologie, 1, 69—92.)

If you have any concerns about our products,
you can contact us on
ProductSafety@springernature.com

In case Publisher is established outside the EU,
the EU authorized representative is:
**Springer Nature Customer Service Center GmbH
Europaplatz 3, 69115 Heidelberg, Germany**

Printed by Libri Plureos GmbH
in Hamburg, Germany